Bettina Hinte-Breindl Udo Ganslоßer Kristin Strauß

Moderne WELPEN—ERZIEHUNG

Kompetenz im Alltag

KOSMOS

INHALT

DER VERSUCH ZU VERSTEHEN

So wie unsere Hunde versuchen, uns und unsere Welt zu verstehen, so sollten auch wir versuchen, sie und ihre Welt zu verstehen.

Von „der Hund“ zu Emma, Fiete, Jule, Flufy oder Bruno

Mensch und Hund haben eine viele tausend Jahre währende Geschichte. Immer mehr wissen wir darüber, wie sich diese Geschichte zugetragen hat. Und immer mehr wissen wir darüber, wer Hunde sind und was sie brauchen, um in unserer Gesellschaft ein gutes Leben zu führen.

Wir haben ganz unterschiedliche Ideen und Bilder im Kopf, wenn wir beginnen, unser Leben mit einem Hund zu teilen. Auch wenn es wie in allen anderen Zusammenhängen Menschen gibt, deren Intentionen keine guten sind, gehen wir davon aus, dass die allermeisten Menschen Gutes für ihren Hund wollen und ein gemeinsames Leben mit ihrem Hund anstreben. Das zeigt sich zumindest in unserer praktischen Erfahrung, wenn der Mensch seinen Hund wirklich zu verstehen beginnt, mit ihm erfolgreich kommuniziert und er nicht mehr nur ein Hund ist, sondern Emma, Fiete, Jule, Flufy oder Bruno, mit ihrer oder seiner ganz individuellen Persönlichkeit, ihren oder seinen ganz individuellen Vorlieben, Schwächen und Stärken. Unseren Hund so kennenzulernen, ist die Grundlage für eine passende Erziehung und den Aufbau einer hochwertigen Beziehung – und für ganz viel gemeinsame Freude. So würde der Zusatz zumindest im Paradies lauten.
In der Realität muss dieser Zusatz in einer langen Aufzählung fortgeschrieben werden. Denn natürlich gibt es nicht nur gemeinsame Freude im Leben, sondern wenn wir unser Leben mit einem anderen Lebewesen wirklich teilen, teilen wir auch alle weniger schönen Erlebnisse und Gefühle. Der Zusatz ist also

Solch ein Blick sollte nicht unbeantwortet bleiben.

„Je mehr wir wissen, desto größer ist das Verständnis, warum unser Hund sich wie verhält und desto treffender und belastbarer sind die Grundlagen, auf die wir unser Verhalten in Erziehung und Zusammenleben mit unserem Hund aufbauen.“

Funktioniert die Kommunikation, wird die Leine zu dem, was sie eigentlich sein soll: nur ein Notfallinstrument.

ehrlich, wenn wir nicht nur von gemeinsamer Freude ausgehen, sondern von einem gemeinsamen Leben mit allem, was dazugehört. Und erst damit ist die Verbindung umfassend und erreicht eine Tiefe, die sich viele Menschen von der Verbindung zu ihrem Hund wünschen, die aber gar nicht so viele Menschen anfangs gezielt anstreben. Denn noch immer ist die Herangehensweise an die Erziehung eines Hundes oft mit dem Hauptziel verbunden, dass er gehorsam wird, dass er gehorchen lernt, dass er „funktioniert“. Doch ein Hund kann nicht „funktionieren“. „Funktionieren“ können Maschinen und darüber, dass nichtmenschliche Tiere Maschinen wären, sind wir zum Glück schon lange hinweg. Es ist allerdings durchaus sinnvoll (denken wir z. B. an Situationen, die die Sicherheit unserer Hunde betreffen), die Erziehung eines Hundes so aufzubauen, dass er im Zweifelsfall in der Lage ist, sich danach zu richten, was sein Mensch vorgibt – was auch als „gehorchen“ oder „gehorsam sein“ bezeichnet werden könnte. Dies kann aber nicht das Ziel von Erziehung sein, sondern eher dessen Resultat.

PRAXIS, BEOBACHTUNG UND WISSEN

Erziehung richtet sich nicht so sehr auf einzelne Fertigkeiten (wie sich auf Signal hinsetzen oder hinlegen zu können), sondern vielmehr auf das Zusammenwirken verschiedener Fähigkeiten – oder anders gesagt: auf den Erwerb von Kompetenzen.
Für unsere Welpen stehen dabei erst einmal diejenigen Kompetenzen im Vordergrund, die sie für ihren Alltag brauchen (zumindest, wenn sie später nicht irgendwelche Spezialaufgaben haben). Hierzu gehören z. B. **Impulskontrolle, Geduld, Höflichkeit, Kommunikation mit Hund und Mensch, Umweltsicherheit** und **Selbstvertrauen.** Die Schulung dieser Kompetenzen findet sich in den **Praxisübungen** wieder. Auch für Sie als Bezugsperson haben gewisse Kompetenzen im Hinblick auf den gemeinsamen Alltag mit Ihrem

1

2

1. Vor allem in den ersten Monaten ist es wichtig, gemeinsam die Welt zu entdecken.

2. Und mindestens ebenso wichtig ist es, gemeinsam in der Welt zu entspannen.

Hund besondere Wichtigkeit. Allen voran ist hier die Kompetenz zu nennen, Ihren Hund zu verstehen und dadurch besser mit ihm kommunizieren zu können. Darauf sind insbesondere die **Beobachtungsübungen** gemünzt. Doch auch in den Praxisübungen finden Sie neben den Lernzielen für Ihren Hund, auch Lernziele für sich selbst. Die Praxis- und Beobachtungsübungen sind dabei in fünf Kapitel unterteilt und mit theoretischem Hintergrundwissen und spannenden Erkenntnissen aus der aktuellen Hundeforschung verknüpft.

Haben Sie einen ganz jungen Welpen, folgen Sie am besten dem Aufbau des Buches, da das entwicklungsbedingte Vermögen von Welpen in die Abfolge der Übungen eingeflossen ist. Haben Sie einen etwas älteren Welpen oder Junghund, können Sie die Übungen auch problemlos in beliebiger Reihenfolge durchführen. Gegebenenfalls finden Sie Verweise auf vorangegangene Abschnitte und können dort nachschauen, was Sie für die jeweilige Übung noch wissen sollten. Im Übrigen können alle Übungen mit jedem Hund, egal welchen Alters, durchgeführt werden. Haben Sie also einen älteren zweiten Hund oder befreundete Mensch-Hund-Teams, steht einem gemeinsamen Lernen nichts im Weg, mehr noch ist das gemeinsame Lernen zu unterstützen, da nicht nur wir Menschen durch Beobachtung lernen, sondern auch unsere Hunde!

DIE GESCHLECHTERFRAGE

Wenn wir uns mit Menschen und Hunden beschäftigen, müssen wir uns nicht nur beim Menschen entscheiden, wie wir mit der Geschlechterfrage sprachlich umgehen wollen, sondern konsequenterweise auch beim Hund. Manchmal ist dies ganz einfach, weil es wissenschaftlich aufgezeigte geschlechterspezifische Unterschiede gibt. Dann ist es korrekt, nur von z. B. „Rüde“ und „Hündin“ zu sprechen, weil wirklich diese Beiden gemeint sind und dies machen wir dann ausdrücklich.

Sicherheit und gute Laune helfen dem Welpen in aufregenden Situationen.

Wie aber damit umgehen, wenn der Mensch und der Hund in ihrer Geschlechtergesamtheit gemeint sind? Unter all den nicht perfekten Möglichkeiten haben wir uns häufig dafür entschieden, „Mensch“ und „Hund“ oder auch „Welpe“ als Sammelbegriffe für alle Geschlechter zu verwenden. Sie werden aber sehen, dass wir auch manchmal Begriffe für eine Spezifizierung des Menschen verwenden, bei denen wir uns mit dem Gender-Sternchen behelfen, wie z. B. Halter*in. In einigen Textabschnitten gendern wir aber auch mal gar nicht oder nicht allumfassend. In jedem Fall haben wir alle Menschen im Sinn, ob und welcher Geschlechteridentität sie sich auch zuordnen mögen.
Neben dieser geschlechterbezogenen Frage, ist auch die Begrifflichkeit für die Bezeichnung des Verhältnisses von Mensch und Hund bedeutsam. Traditionell wird noch immer häufig von „Besitzer*in“ gesprochen. Der damit sprachlich in den Vordergrund gerückte „Besitz“ trifft so gar nicht das, was wir im Zusammenleben von Mensch und Hund sehen. „Halter*in“ kommt dem schon etwas näher, spiegelt aber auch nur wenige Aspekte wider. In der Schweiz wird seit einiger Zeit der Begriff „Fürsorgegarant*in“ verwendet. Dieser ähnelt inhaltlich dem englischen Begriff des „care givers“ (dt. „care“= Fürsorge/Pflege, „giver“= Spender/Geber) und trifft damit zwar inhaltlich wesentliche Aspekte unserer Form des Zusammenlebens mit Hunden, klingt für unsere Ohren jedoch recht sperrig. Ein weiterer Begriff ist „Bezugsperson“. Praktisch ist, dass in diesem Begriff alle Geschlechter einbezogen sind und inhaltlich die Beziehungsebene in den Vordergrund gerückt wird. Der Nachteil ist jedoch, dass die Versorgungsebene fehlt, weil eben nicht gesagt ist, dass meine Bezugsperson auch (gut) für mich sorgt. Auch bei dieser begrifflichen Frage gibt es also keine perfekte Lösung. Wir halten es darum auch hier bunt und verwenden mal den einen und mal den anderen Begriff. Nehmen Sie dies gern als Anlass, einmal zu überlegen, mit welchem Begriff Sie die Beziehung zu Ihrem Hund und von Ihrem Hund zu Ihnen beschreiben würden. Und damit befinden Sie sich dann auch schon mittendrin.

Viel Spaß!

Von Erziehung, Erziehenden und zu Erziehenden

Auch wenn wir nicht tiefer in Erziehungstheorien und deren soziale und neurobiologische Zusammenhänge eintreten wollen, muss ein weit verbreitetes Missverständnis doch geklärt werden: Ein Hund, der brav an entspannter Leine trottet und sich auf Signal sofort hinsetzt, ist keinesfalls erzogen.

Er ist lediglich trainiert, etwas abfällig könnte auch abgerichtet dazu gesagt werden. Ein Hund dagegen, der seinen Menschen gut beobachtet, sich an ihm orientiert und jederzeit erkennt, wann dieser gern etwas mit ihm machen möchte, kann sehr gut erzogen sein, auch wenn er weder rückwärts durch die Beine des Menschen läuft, noch auf Signal sofort wie vom Blitz getroffen zu Boden fällt. Alltagskompetente Hunde, wie sie beispielsweise in einem Übersichtsartikel von Daniel Mills und Co-Autorinnen (2014) verdeutlicht werden, sind im Umgang mit dem Menschen und seiner komplizierten Gesellschaft in jedem Fall im Vorteil. Jedoch kann es wesentlich länger dauern und anstrengender sein, einen Welpen zu einem alltagskompetenten Hund zu erziehen, als einen Welpen so zu trainieren, dass er auf Knopfdruck die Signale seines Menschen befolgt.
Eine allgemein anerkannte Definition von Erziehung gibt es dabei schon in Bezug auf den Menschen nicht. Vielmehr existiert eine große Bandbreite an Definitionen. Für die Erziehung eines Welpen zu einem alltagskompetenten und zu-

„Erziehung ist etwas ganz anderes als Training und Ausbildung! Erziehung beruht auf Verstehen, Verständnis und Achtung."

Benji erhält hier rein verbal die Erinnerung, langsamer zu laufen und hört aufmerksam zu.

friedenen Hund seien hier folgende Punkte von Erziehung in den Vordergrund gestellt: Erziehung beruht auf Verstehen, Verständnis und Achtung. Im wechselseitigen Lernen voneinander und aneinander unterstützt der Erziehende den zu Erziehenden in der Entfaltung seiner oder ihrer Persönlichkeit und im Zurechtkommen mit den sie oder ihn betreffenden gesellschaftlichen Normen und Konventionen, indem er dem zu Erziehenden zeigt, welches Verhalten erwünscht und welches unerwünscht ist.

ERZIEHUNGSSTILE

Neben der grundlegenden Ausrichtung von Erziehung, ist ein anderer in der Beschäftigung mit Erziehung entscheidender Punkt der Erziehungsstil. Im menschlichen Bereich lassen sich unterschiedliche Erziehungsstile ausmachen, die mittlerweile auch im Hinblick auf die Erziehung von Hunden durch Menschen untersucht werden (siehe van Herwijnen et al. 2018):

– Nahezu selbsterklärend ist der autoritäre oder despotische Erziehungsstil. Hier wird sehr viel mit An-

weisungen, Kommandos und Verboten gearbeitet, erklärt wird nichts, und die Befindlichkeiten, emotionalen Gestimmtheiten etc. des zu Erziehenden spielen keine Rolle.
– Der oftmals als antiautoritär oder Laissez-faire bezeichnete permissive Erziehungsstil dagegen arbeitet ohne jede Anweisung, ohne jedes Verbot und lässt den zu Erziehenden alle Erfahrungen selbst machen.
– Gewissermaßen der goldene Mittelweg ist der autoritative Erziehungsstil, der nur wenige Grenzen setzt, diese dann aber auch einfordert, und der zugleich auf die emotionalen und sonstigen Bedürfnisse, Bedarfslagen und Befindlichkeiten des zu Erziehenden eingeht.

Paul McGreevy und Co-Autor*innen (2012) haben in einer differenzierten Analyse dargelegt, wie die Erziehung eines Hundes auf verhaltensbiologischen, evolutionsökologischen und lernpsychologischen Mechanismen beruhen kann und wie wichtig es ist, selbst in scheinbar sehr ähnlichen Situationen die Zugehörigkeit zu ganz verschiedenen Bereichen der Verhaltensbiologie zu erkennen. So hat beispielsweise für den Hund die Wegnahme von Futter und Spielzeug durch den Menschen wesentlich weniger mit der innerartlichen sozialen Struktur, als vielmehr mit dem verhaltensökologisch bedingten Wert der umstrittenen Sache zu tun, denn bei Hundeartigen gilt hier das Besitzrecht: Ein wertvolles Ding gehört demjenigen, der es unter den Pfoten oder im Maul hat, unabhängig von seiner sozialen Stellung. Unter Primaten, zu denen ja wir Menschen gehören, gilt dies meist nicht. Der Anführer kann dem Untergebenen jederzeit kostbare Dinge abnehmen. Wenn also der Hund vom Menschen in einem unbeachteten Moment Essen klaut oder sich verbotenerweise im Bett breit macht, sobald wir aus dem Haus gehen, ist das aus Hundesicht absolut legitim, denn schließlich sind wir ja nicht anwesend und erheben daher keinen Anspruch. Für uns Primaten aber ist die Ressource grundsätzlich unser Eigentum, wir fühlen uns hintergangen und betrachten das hundliche Verhalten als Gesetzesbruch.
Ein weiteres Beispiel für einen bedeutsamen Unterschied einer gleich anmutenden Handlung ist Folgendes: Wenn wir unserem Hund beibringen wollen, still zu halten und es zu dulden, wenn wir ihn bürsten, sein Fell nach Zecken oder seine Pfoten nach eingetretenen Steinchen absuchen oder ihn auf tierärztliche Besuche vorbereiten wollen (siehe S. 158 ff.), handelt es sich um ein Gewöhnungstraining für den Hund. Hier kann Konditionierung erfolgreich genutzt werden – gerade, wenn wir Handlungen vollführen, die dem Hund anfangs nicht gerade angenehm sind. Pflegt und putzt dagegen der Hund den Menschen, so entstammt dies wiederum überwiegend dem innerartlichen Sozialverhalten, das der Beziehungspflege dient. Lern- und Konditionierungsprozesse sind dabei wenig bedeutsam.

> Sehr ähnlich wirkende Situationen können ganz unterschiedliche erzieherische oder trainerische Herangehensweisen erfordern.

Auch im Zusammenhang mit dem sozialen Spiel zwischen Mensch und Hund gibt es Unterschiede. Beim Spielen mit Körperbetonung sind soziale Mechanismen sehr wichtig, die verhaltensökologisch-ressourcenorientierte Seite des Spielens dagegen ist sehr gering. Geht es aber ums Lieblingsspielzeug des Hundes, sieht die Sache anders aus!
Mark Bekoff und Jessica Pierce (2019) haben eine Reihe von Anforderungen formuliert, die im Umgang mit dem Hund und den dabei relevanten Erziehungsprozessen von Bedeutung sind. Einige dieser Anforderungen sind sehr wichtig für das Ziel einer Erziehung.

1. Gemma erschreckt sich und geht auf Abstand.

2. Ihre Bezugsperson begleitet das Beobachten auf Entfernung ...

3. ... und geht dann voran. Gemma schließt sich an.

1

ZEHN WEGE ZUM ZUFRIEDENEN HUND

1. Lass deinen Hund Hund sein.
2. Bringe deinem Hund bei, sich in menschlicher Umgebung sicher zu bewegen.
3. Teile Erlebnisse und Erfahrungen mit deinem Hund.
4. Nimm dankbar an, was dein Hund dir beibringen kann.
5. Mach das Leben deines Hundes zu einem Abenteuer.
6. Biete deinem Hund so viele Wahlmöglichkeiten wie möglich.
7. Ermögliche deinem Hund ein interessantes Leben durch Vielfalt in Bezug auf Futter, Spazierengehen und Freundschaften.
8. Biete deinem Hund endlose Möglichkeiten zum Spielen.
9. Gib deinem Hund jeden Tag Zuneigung und Aufmerksamkeit.
10. Sei deinem Hund gegenüber loyal.

Die Punkte 1 und 7 sind vorwiegend aus dem Sozialsystem und dem Aktivitätsverhalten frei lebender, eventuell als Straßen- oder Streunerhunde bezeichneter Tiere, erklärbar. Hunde bilden in der Regel territoriale Familiengruppen, in denen der Wert des Reviers hauptsächlich zur Sicherung der Nahrungsversorgung aller Beteiligten dient. Sie sind in diesem, für sogenannte Streunerhunde oft erstaunlich kleinem Areal (meist nur wenige Quadratkilometer!) ausgesprochen entschleunigt unterwegs, zeigen selten bis gar kein gemeinsames Jagdverhalten auf Großtiere und suchen in der Regel dort nach Nahrung, die überwiegend aus Ab-

2

3

fällen und Kleintieren besteht. Sie haben jedoch einen ausgesprochen hohen Informationsanspruch an ihre Umwelt, sie suchen also Reize mit allen Sinnen. Die Bedienung dieses Informationsanspruchs gehört auch zu den wesentlichen Anforderungen, wenn wir den Hund wirklich Hund sein lassen und ihm ein interessantes Leben ermöglichen wollen.

Forderung 2 der Liste von Bekoff und Pierce umschreibt den alltagskompetenten Hund, den wir ja bereits kennengelernt haben. Bei Punkt 5, das Leben des Hundes zum Abenteuer zu machen, müssen wir wieder stärker auf seine Persönlichkeit eingehen. Nicht jeder Hund wünscht gleichermaßen Aufregung und permanente Konfrontation mit neuen Situationen. Sowohl pessimistische als auch eher intravertierte Hunde mögen ihre Routinen und Rituale und alle Hunde möchten gern wissen, was um sie herum gerade geschieht und dies auch in ihr Weltbild einordnen können. Gleichzeitig wird dadurch die unter Punkt 6 geforderte Kontrolle über die Umwelt als wichtiges Konzept einer verhaltensbiologisch und tierschutzgerechten Hundehaltung klar. Kontrolle über die Umwelt zu haben, bedeutet für ein Lebewesen nämlich nicht, jederzeit tun und lassen zu können, was es gern möchte. Kontrolle über die Umwelt und über die Lebenssituation zu haben, bedeutet vorwiegend, „Wenn-dann-Beziehungen" herstellen zu können. Wenn ich das tue, wird mein Mensch so reagieren, wenn mein Mensch dies tut, sollte ich jenes unterlassen und wenn es draußen blitzt, wird es gleich darauf auch donnern.

Die „Wenn-dann-Beziehungen" sind es, die uns und unseren Hunden die Vorhersehbarkeit unserer Umwelt erleichtern und dadurch auch dem Belastungs- und ggf. sogar Stressabbau bzw. dessen Vermeidung dienen können.

Maulrangeln und Rangeln sind bei vielen Hunden (und Menschen) beliebte Spiele.

Punkt 10, dem Hund gegenüber loyal zu sein, umfasst den im Theorieabschnitt zu Beziehung und Bindung (siehe S. 20) näher ausgeführten Aspekt des sicheren Hafens, die Leittierkompetenzen der Gefahrenvermeidung und -abwehr, die der Mensch für das Team übernehmen sollte. Letztlich vergleichen wir sehr gern die Zusammenarbeit und das Zusammenwirken von Mensch und Hund in einem gut eingespielten Mensch-Hund-Team mit der Kooperation zwischen Flugkapitän*in und Copilot*in im Flugzeugcockpit. Gerade in Krisensituationen ist es die Aufgabe der Kapitän*innen, das Steuer zu übernehmen und die Maschine sicher zu fliegen, während in unproblematischen Situationen mit mehreren tausend Kilometer gutem Wetter über dem Atlantik auch die Copilot*innen die Steuerung übernehmen können. Kapitän*innen, die aber bei dem ersten Anzeichen von Krisensituationen mit dem Fallschirm das Cockpit verlassen oder die Kopfhörer ganz laut mit Rockmusik beschallen, um die Angstschreie der Copilot*innen zu überhören, sind eben keine guten Leitfiguren. Die Angst des Hundes und dessen unangenehme emotionale Zustände zu erkennen und etwas dagegen zu unternehmen, bedeutet also nicht, dass der Mensch selbst in Hysterie oder Panik verfällt und den Eindruck erweckt, als ob nun gleich beide sterben müssten, sondern die Rolle von Kapitän*innen zu übernehmen.

Langfristige Erziehungsvorteile und Effekte sind nur durch ein feinfühliges, auf die Persönlichkeit und die Individualität des Hundes eingespieltes langes Zusammenleben zurück-

Der Wert von sozialem Spiel zwischen Mensch und Welpe ist sowohl für eine gute Beziehung als auch für eine gute Erziehung enorm wichtig.

zuführen. Erziehung beginnt also, wenn der Welpe im Haushalt einzieht und da unsere Hunde als „Berufsjugendliche" ja eigentlich nie wirklich vollständig erwachsen werden, überstreicht Erziehung auch den gesamten Lebensbereich, zumindest bis zum Eintritt eventuell altersbedingter Demenz oder ähnlicher Einschränkungen. Wenn es dann auch einmal darum geht, dem Hund „unangenehme Botschaften", Verbote oder Ähnliches zu übermitteln, muss dieser vorab ein Interesse am Zusammenleben mit dem Menschen haben. Letztlich ist eine individuelle Erziehung nur möglich, wenn auch zumindest ein Interesse beider Beteiligter an der gemeinsamen Problemlösung besteht. Und da, wie z. B. die Untersuchungen des Teams rund um Kurt Kotrschal (Kotrschal et al. 2012 und siehe S. 80) gezeigt haben, Hunde auch ein Interesse an der Zusammenarbeit, am Zusammenleben und am Gefallen durch den Menschen haben, kommen wir hier wieder auf die Erziehungsdefinition zurück: **das gemeinsame Interesse beider Beteiligter.** Deshalb ist bei Hunden spätestens ab dem Beginn oder dem Höhepunkt der Pubertät eine individuelle Beziehung die notwendige Voraussetzung für den Erfolg der Erziehung. Hunde, die kein Interesse an ihrem Menschen oder gar kein Interesse am engeren Zusammenleben mit und dem Gefallen durch Menschen haben, werden spätestens dann bockig und unter Umständen sogar gefährlich.
Das legt z. B. eine Untersuchung in der Magnetröhre des Labors von Gregory Berns (Cook et al. 2014) nahe: Die schlechte Nachricht „Heute gibt es kein Hotdog" wurde von den Hunden emotional viel weniger negativ beantwortet, wenn sie vom eigenen Menschen, der Hauptbezugsperson, kam. Und besonders deutlich fiel dieser Unterschied bei Hunden aus, die Menschen gegenüber generell skeptisch oder aggressionsbereiter waren. Je nach Größe und Durchsetzungsbereitschaft des Hundes kann dann im schlimmsten Fall damit auch eine Gefahr nicht nur für die Umwelt, sondern auch für den Erziehenden einhergehen.

Eng verknüpft mit einer erfolgreichen Erziehung ist auch bei Hunden eine wertvolle Beziehung.

Verhaltensforschung

Das emotionale Leben der Hunde

Ein Beitrag von Marc Bekoff

WER SIE SIND, WAS SIE BRAUCHEN UND WARUM WIR SIE SO OFT ENTTÄUSCHEN!

Das Verhalten von Haushunden wird allzu oft falsch dargestellt – vor allem in den Massenmedien (Zeitungen, Zeitschriften, Fernsehen, Radio), aber auch häufiger bei sogenannten Experten und Expertinnen.
Mythen, oftmals niedlich, aber falsch, werden als Fakten vermittelt, obwohl sie in Wirklichkeit durch keine wissenschaftlichen Befunde zu belegen sind. Wenn wir das emotionale Leben von Hunden untersuchen wollen, ist die wichtigste Frage zunächst, warum Emotionen in der Evolution entstanden sind, wofür sie gut sind und nicht, ob sie überhaupt entstanden sind (siehe Tabelle).

HUNDE SIND ENORM VIELFÄLTIG

Sprechen wir über Hunde und ihr emotionales Leben, sollten wir einige wichtige Punkte immer im Blick behalten:

- Übermäßig vereinfachte Erklärungen, wie ein Hund angeblich tickt, sind oftmals irreführend; die Hunde zahlen normalerweise den Preis für diese Missverständnisse.
- Es gibt eine Vielzahl von Hundepersönlichkeiten und kein universelles Hundegemüt, das erklären könnte, wie Hunde sich benehmen sollten.
- Hunde lesen und verstehen zu können, kann die Beziehung zum Hund erheblich verbessern.
- Wir müssen Hunden erlauben Hund zu sein. Manchmal sind Verhaltensweisen, die unter Hunden in Ordnung sind, für Menschen unangemessen, und das ist auch verständlich. Aber wir müssen uns so sehr wie nur irgend möglich bemühen, Hunden ihr natürliches Verhalten zu erlauben. Wir müssen aufhören, einfach alles zu kontrollieren, was sie tun.

Bailey teilt ihrer Bezugsperson hier höflich mit, dass sie gerne genauer untersuchen würde, was diese in den Händen hält.

- Wenn wir uns bemühen zu hören, was Hunde uns als die einzigartigen Individuen, die sie sind, mitteilen oder was sie von uns erwarten, gewinnen alle dabei.
- Wenn Geschichten über Hunde in irreführende Handlungsanweisungen münden, leiden die Hunde, ihre Menschen und die Hund-Mensch-Beziehung. Ich kenne keine konkreten Studien, wie sehr menschliche Missverständnisse über Hunde konkret zum Abgeben oder gar Aussetzen der Hunde geführt haben. Dies wäre eine wichtige Forschungsfrage. Aber allzu oft bekomme ich E-Mails mit folgendem Inhalt: „Ich verstehe es einfach nicht, ich habe gelesen, dass Hunde dies oder jenes tun sollten oder auch nicht, aber mein Hund befolgt diese Regeln einfach nicht.“ Ich erkläre dann normalerweise, dass es gar nicht so viele allgemeingültige Regeln im Umgang mit Hunden gibt und tatsächlich besteht meist nur wenig Anlass zur Besorgnis. Es ist nicht nur wichtig, die übermächtigen Mythen darüber loszuwerden, was Hunde tun oder nicht tun sollten.

Es ist genauso wichtig, die Bedeutung individueller Unterschiede und die deutlich erkennbare Vielfalt rund um diese hochemotionalen Lebewesen zu erkennen. Es gibt große Persönlichkeitsunterschiede, sogar innerhalb eines Wurfs oder zwischen Vollgeschwistern. Hunde sind enorm vielfältig. Einfach gesagt, gibt es nicht den universellen Hund oder das Wesen des Hundes. Vielfalt ist kein weißes Rauschen, sondern Vielfalt enthält wichtige Informationen, die uns und unseren Hunden weiterhelfen.

Da Hunde einzigartige Individuen sind, ist es unmöglich, verlässliche Antworten auf die Frage zu geben, warum sie etwas tun oder nicht tun, es sei denn, wir kennen Details, z. B. wer an der Situation beteiligt ist, was genau passiert ist und wo. Wir müssen die vielfältigen individuellen Unterschiede im Verhalten, in der Persönlichkeit und im Temperament der Haushunde nicht nur anerkennen, sondern uns auch danach richten und dafür öffnen. Was für Joe und Maria funktioniert, kann eben eventuell für Harry oder Monika falsch sein.
Der Mangel an Detailwissen über einige ganz gewöhnliche Verhaltensweisen und die individuelle Vielfalt unserer Hunde machen es so spannend, sie zu studieren. Wir wissen bereits eine Menge, aber es gibt auch noch eine Menge zu lernen.

WERTSCHÄTZUNG ALS INDIVIDUUM

Es ist enorm wichtig, dass wir unseren Hund verstehen und sein Verhalten korrekt interpretieren, denn zu vereinfachte „schnelle" Erklärungen führen allzu oft zu Fehlinterpretationen. Und normalerweise ist es der Hund, der am kürzeren Ende der Leine steht und unter diesen Missverständnissen leidet. Wenn wir es schaffen, Hunde zu verstehen, sie als Individuen wertzuschätzen, genau darauf zu achten, was wir wissen und was nicht und auch zugeben, dass wir eben nicht alles wissen, was wir über Hunde wissen könnten, dann haben alle etwas davon. Darauf sollten wir hinarbeiten. Wir sind die Rettungsleine unserer Hunde und sie sind vollkommen abhängig von unserem guten Willen und unserem Verantwortungsbewusstsein für ihr Wohlbefinden.

Über den Autor
Professor Dr. Marc Bekoff lebt und forscht an der Universität von Boulder im US-Bundesstaat Colorado. Seine neuesten Erkenntnisse über das emotionale Leben und dem daraus resultierenden Umgang mit Hunden finden sich in seinem Buch „Unleashing Your Dog: A Field Guide to Giving Your Canine Companion the Best Life Possible" (mit Jessica Pierce 2019). Weiterführende Informationen zu seinen Aussagen sind online zu finden: *(https://www.psychologytoday.com/us/contributors/marc-bekoff-phd).*

„Je mehr ich über Hunde weiß, desto öfter sage ich: Ich weiß es nicht."

Marc Bekoff

MYTHEN ÜBER HUNDE

Mythos: Es gibt einen universellen Prototyp-Hund.	**Antwort:** Es gibt nicht „den Hund", denn Hunde sind eine extrem diverse und vielfältige Gruppe der Canidae.
Mythos: Hunde brauchen nur Nahrung, ein warmes, trockenes Bett und einen Ruheplatz.	**Antwort:** Hunde müssen das Gefühl haben, dass sie geliebt werden und sicher sind, und dass sie auch Hund sein dürfen! Sie müssen ihren Körper und ihre Sinne nutzen und trainieren dürfen.
Mythos: Hunde zeigen keine Dominanz.	**Antwort:** Selbstverständlich tun sie das, genau wie viele andere Tierarten auch. Aber wir sollten sie nicht dominieren, wenn wir sie trainieren oder ihnen beibringen zu tun, was wir wollen, während sie versuchen, sich an eine zunehmend menschlich dominierte Welt anzupassen.
Mythos: Hunde leben nur in der Gegenwart.	**Antwort:** Nein, das tun sie natürlich nicht.
Mythos: Hunde möchten nicht umarmt werden.	**Antwort:** Einige mögen es nicht, viele andere mögen es. Überlassen wir ihnen die Bedingungen.
Mythos: Hunde sollten nicht im Schlafzimmer oder im Bett schlafen.	**Antwort:** Warum nicht, wenn Hund und Mensch es möchten?
Mythos: Es ist in Ordnung, Hunde zu verschenken.	**Antwort:** Nein, ist es nicht!
Mythos: Hunde versuchen uns zu dominieren, wenn wir mit ihnen Zerrspiele spielen.	**Antwort:** Das ist nicht so.
Mythos: Urinabsetzen ist immer Geruchsmarkieren.	**Antwort:** Nein, ist es nicht!
Mythos: Hunde träumen nicht.	**Antwort:** Wir sind uns sicher, dass sie es tun – genau wie Ratten und andere nicht-menschliche Lebewesen.

Von Beziehung und Bindung

Die beiden Begriffe Beziehung und Bindung werden gerade beim Umgang mit unseren Hunden leider oft verwechselt bzw. gleichgesetzt. Dabei gibt es einige grundlegende Unterschiede zwischen diesen beiden verhaltensbiologischen Konzepten.

Beziehung und Bindung sind voneinander zu unterscheiden – gewünscht sind aber meist beide.

Eine Beziehung kann zunächst einmal rein funktional sein. Ein Lebewesen erkennt, dass es mit einem anderen zusammen bestimmte Aufgaben und Probleme besser bewältigen kann als entweder allein oder mit einem oder einer x-beliebigen, ansonsten zur Verfügung stehenden Partner*in. Die wichtigsten Faktoren für die Beurteilung eines oder einer potenziellen Beziehungspartner*in sind dessen Verlässlichkeit, die Erträglichkeit und Kompatibilität der beiden (z. B. durch Persönlichkeitstypen, Geschlecht, Alter oder Ähnliches) und die Attraktivität. Auch die Verfügbarkeit spielt eine Rolle, insbesondere in größeren Gruppen. Denn hat jemand bereits viele hochwertige Beziehungen mit vorhandenen Gruppenmitgliedern, wird es für einen Neuankömmling sehr schwer werden, sich dort überhaupt noch einen Platz im Beziehungsgefüge zu verschaffen. Der Attraktivitätsbegriff wird in der evolutionsbiologisch und ökologisch orientierten Verhaltensbiologie mit einem Modell eines „Marktplatzes mit Tauschhandel" symbolisiert. Je mehr Waren und je hochwertigere Waren jemand anbieten kann, desto interessanter wird dieser Jemand für potenzielle Geschäftspartner*innen. Es kommt also darauf an, dass wir unserem Hund ein vielseitiges Angebot machen, wobei eben Spaßfaktor (Spielen etc.), Schutz, Leittierkompetenzen, aber auch die zur Verfügungstellung lebensnotwendiger Bedingungen wie Ruheplätze, Futter, Wasser und Ähnliches eine wichtige Rolle spielen. Bindung dagegen ist definitiv etwas anderes.

WAS IST BINDUNG?

Die Bindungstheorie wurde zunächst für die menschliche Mutter-Kind-Beziehung, später zunehmend für weitere „wichtige" Bezugspersonen allgemein formuliert. Seit nunmehr fast 30 Jahren sind die Erkenntnisse auch in unser Wissen über Hunde eingekehrt (Mills et al. 2014, Prato-Previde & Valsecchi 2014 oder Schöberl et al. 2013 fassen die wichtigsten Aspekte zusammen). Eine Bindung kann nur dort entstehen, wo emotionale Komponenten beteiligt sind. Gerade die hochwertigen emotionalen Bindungen, wie sie ja auch zwischen Menschen und ihren Hunden auftreten können, sind durch ein gewisses Maß an Exklusivität gekennzeichnet. Eine Bindungsperson ist nicht ohne weiteres durch ein anderes, vielleicht sogar gleichwertig sozial oder attraktiv einzustufendes Mitglied der Gruppe zu ersetzen. Zur

Die Entwicklung einer gesunden Bindung von Hund und Mensch braucht seine Zeit, hält dann aber, wenn alles gut läuft, das ganze Leben.

Vor dem Erlernen des Alleinbleibens sollte die innere Repräsentanz des Bezugsmenschen gegeben sein.

Bindung gehört nämlich eine sogenannte innere Repräsentation, ein inneres Bild des Bindungspartners, und das tragen nur diejenigen in sich, die einander persönlich gut kennen und sich im Laufe des persönlichen Kennenlernens auch schätzen gelernt haben. Die innere Repräsentanz wird immer wichtiger, je mehr sich ein Tier dem Erwachsenenstadium nähert. Bei kleinen Kindern ist, ähnlich wie bei Hundewelpen und Junghunden, diese innere Repräsentanz noch nicht ausgeprägt. Deshalb kann auch ein Welpe oder junger Junghund nicht ohne weiteres länger allein bleiben, denn er erinnert sich noch nicht bzw. weiß noch nicht, dass sein Mensch in jedem Fall wiederkommen wird.

Allgemein gilt, dass Hundewelpen frühestens ab der 16. Lebenswoche Bindungsmerkmale an einen Menschen aufweisen. Für die Mutterhündin gilt dies hingegen nicht. Sie wird bereits wenige Tage nach der Geburt als Individuum erkannt und oftmals lebenslang aus anderen, auch gleichrassigen, Hunden herausgefunden. Das bestätigen Hundezüchter*innen immer wieder, wenn sie bei Vereinstreffen oder anderen Gelegenheiten auch ihre Mutterhündin wieder mit deren bereits längst erwachsenen Nachkommen zusammenführen. Auch Züchter*innen sind in gewisser Weise etwas Besonderes, auch sie werden von den Hunden oft lebenslang wiedererkannt. Gute Hundezüchter*innen, die ihren Welpen vielleicht auch noch einen speziellen, für ihren Zwinger typischen Lockruf beigebracht haben, können auf Verbandstreffen wie die Rattenfänger von Hameln mit diesem Pfiff über den Campingplatz laufen und alle ihre ehemaligen Welpen wieder um sich versammeln. Trotzdem sind achtwöchige Hundewelpen, wie Mariti et al. (2020) gezeigt haben, noch nicht in der Lage, aus der Anwesenheit ihres Hundezüchters/ihrer Hundezüchterin bereits den im Folgenden zu besprechenden Bindungsfaktor „sichere Basis" abzuleiten. Damit kommen wir zum wichtigsten Bestandteil des Bindungskonzepts, nämlich dem vielfach dargestellten vierblättrigen Kleeblatt.

Das vierblättrige Kleeblatt

Durch die Arbeiten des nordamerikanischen Forscherteams um John Bowlby und Mary Ainsworth, die sich mit der Bindung zwischen Kindern und ihren Müttern, später auch zwischen Kindern und anderen erwachsenen Bezugspersonen beschäftigt haben, wurden letztlich vier, idealerweise gleich oder ähnlich wichtige Bestandteile einer stabilen Bindung aufgezeigt:

– **Nähe suchen:** Das Nähesuchen wird mit den bereits genannten emotionalen Faktoren des sich beieinander Wohlfühlens umschrieben. Nähe suchen muss, gerade bei Hundeartigen, nicht unbedingt mit Körperkontakt einhergehen. Blickkontakt oder ein paralleles oder nahes Beieinanderliegen reichen bereits aus.
– **Trennungsreaktion:** Ohne eine Trennungsreaktion ist eine Bindung nicht nachvollziehbar. Der Hund sollte während der Abwesenheit seines Menschen nicht unbedingt in wenigen Minuten zehntausende von Euro an Schaden in der Wohnungseinrichtung hervorrufen (wie durchaus häufig passiert), aber ein Hund (oder auch ein Kind ...), der in Abwesenheit seines Menschen die gleichen und ungestörten Verhaltensweisen an den Tag legt wie in dessen Nähe, hat definitiv ein Bindungsproblem.
– **Sicherer Hafen:** Der Mensch oder sonstige Bindungspartner werden als krisenfester Rückzugsort wahrgenommen. Und gerade hierauf kommt es auch im Umgang mit unseren Hunden an. Wir müssen unseren Hunden Schutz und Sicherheit bieten, wenn und aus welchem Grund auch immer es ihn gerade gruselt. Die Ängste des Hundes dann zu ignorieren (wie es leider immer noch oft geraten wird), um diese nicht anzukonditionieren, ist so ziemlich das Schlimmste, was der Mensch einem Hund antun kann.
– **Sichere Basis:** Die sichere Basis bedeutet, dass der Bindungspartner einem den Rücken freihält. Das Erkunden der Umgebung und das Beschäftigen mit unbekannten Gegenständen oder fremden Menschen fällt leichter, wenn der Bindungspartner anwesend ist und einem ggf. auch Unterstützung angedeihen lassen kann.

Die vier Bestandteile einer stabilen Bindung.

Erkundungsverhalten wird häufiger und entspannter gezeigt, ist die sichere Basis gegeben.

Fehlentwicklungen

Die Idealkonstruktion der gesicherten, stabilen Bindung kann, wie bereits angedeutet, erst im Laufe der Jugendentwicklung eines Menschen, Hundes oder anderen sozial lebenden Tieres erreicht werden. So ist es auch kein Wunder, dass bis zum Abflauen der Pubertät selbst gut sozialisierte Junghunde nicht die Kriterien einer gesicherten Bindung zu ihrem Menschen aufweisen können. Die Bindung durchläuft vielmehr in diesem Zeitraum einige Zwischenstadien, die leider bei Fehlverhalten eines oder beider Bindungspartner auch zeitlebens erhalten bleiben können. Die wichtigsten Fehlentwicklungen in einer Bindung, sei es vom Kind zu seinen Eltern oder auch vom Hund zu seinem Menschen, sind die folgenden Oberkategorien:

– **Ambivalente oder unsicher-variierende Bindung:** Häufig ist diese daran erkennbar, dass dem Bindungspartner oder der Bindungspartnerin dauerhaft sehr eng und ohne die geringste Eigeninitiative zum Erkundungsverhalten gefolgt wird. Was leider auf vielen Hundeplätzen und in Vereinszusammenhängen als gute Bindung fehlinterpretiert wird, ist oftmals ein Unsicherheitsfaktor, der den Hund dazu bringt, seinen Menschen ständig zu beobachten und nicht aus den Augen zu lassen. Menschen oder sonstige Bindungspartner*innen, die sich in ihrem Verhalten unvorhersagbar benehmen, die häufige Stimmungsschwankungen haben, unklar oder inkonsequent ihrem Hund gegenüber kommunizieren, oder auch solche, die den Hund zu häufig mit unlösbaren Aufgaben konfrontieren, riskieren diesen Bindungstyp.

– **Vermeidende, distanzierte Bindung:** Diese Bindungsform erkennen wir z. B. daran, dass der Hund beim Weggehen seines Menschen überhaupt keine Veränderung zeigt oder sogar in Abwesenheit seines Menschen stärkeres Erkundungsverhalten, größere Neugier gegenüber unbekannten Gegenständen, unbekannten Menschen etc. zeigt. Beim Zurückkehren wird der Hund dann auch seinen Menschen kaum beachten. Unsicher distanzierte Bindungen entstehen z. B. dann, wenn der Mensch seinen Hund in Krisensituationen regelmäßig allein lässt, sich nicht um dessen Bedürfnisse und Bedarfslagen kümmert, ihn mit Aufgabenstellungen allein lässt oder ihn ignoriert, wie dies leider auch von vielen fehlgeleiteten Hundemenschen empfohlen wird. „Komme nie zu deinem Fürst, wenn du nicht gerufen wirst!“, das heißt einen Hund gezielt zu ignorieren, wenn er Kontakt zu seinem Menschen aufnimmt, ohne dazu vorher aufgefordert worden zu sein. Damit kann dieser Hund letztlich in eine Pseudounabhängigkeit gedrängt werden.

– **Chaotisch-desorganisierte Bindung:** Am schwierigsten, glücklicherweise nur relativ selten zu sehen, ist die chaotisch-desorganisierte Bindung. Diese ist z. B., aber nicht nur, bei Hunden oder Kindern zu beobachten, deren Eltern durch eigene psychische Probleme, Drogenkonsum oder mentale oder soziale Überforderung mit ihrem Nachwuchs nicht klarkommen, diesen z. B. abwechselnd zu eng und zu aggressiv führen oder anderweitig völlig unvorhersagbar für ihre Nachkommen sind.

Bemerkt werden sollte zum Schluss noch, dass es den häufig in der Alltagssprache benutzten Begriff einer zu engen Bindung weder verhaltensbiologisch noch entwicklungspsychologisch gibt. Was vielfach als zu enge Bindung bezeichnet wird, sind Extremformen der unsicher-ambivalenten Bindung, bei der dem Bindungspartner auf Schritt und Tritt gefolgt wird, gegebenenfalls möchte der Hund sogar unter die Toilettenschüssel oder in die Duschkabine kriechen, um seinen Menschen nicht aus den Augen zu verlieren. Wenn in solchen Fällen dann, auch von sehr kompetenten Hundetrainer*innen, über kontrolliertes Abweisen gesprochen wird, und man dem Hund beibringen sollte, dass er nicht immer und überall zu hundert Prozent bei seinem Menschen sein kann, gilt dies übrigens überwiegend für die Aktivitätsphasen des Hundes. In so einer Situation den Hund zusätzlich auch nachts aus dem Schlafzimmer zu verbannen, ist nochmals wiederum kontraproduktiv und wird die Unsicherheit und das übertriebene Folgebestreben eher steigern.

Am schönsten ist das Entspannen und Schlafen, fühlt man sich sicher geborgen.

Viele Hunde genießen direkten Körperkontakt sehr – auch für die Entwicklung von Bindung nur zu empfehlen.

In diesem Zusammenhang muss noch ein Punkt beachtet werden: Gerade Hunde in der unsicher-ambivalenten Bindungszeit können ab und zu beim Wiederkommen ihres Menschen diesen durchaus heftiger anrempeln, oder gegebenenfalls sogar durch gehemmtes Beißen oder Ähnliches begrüßen. Auch Kinder mit einer unsicher-ambivalenten Bindung schlagen unter Umständen nach ihrer Mutter, wenn diese nach kurzer Trennung den Raum wieder betritt. Stufen nun manche Hundetrainer*innen dies als respektloses Verhalten ein, und empfehlen der/dem Hundehalter*in eine noch größere Distanziertheit und noch stärkeres Ignorieren der Grundbedürfnisse des Hundes als sogenanntes Rangreduktionstraining, werden die genannten Probleme des Hundes eher verstärkt.

PERSÖNLICHKEIT UND BINDUNG

Erstaunliche Erkenntnisse zu der Wechselwirkung von Bindungs- und Persönlichkeitsaspekten zeigen z. B. die Untersuchungen der Arbeitsgruppe in Wien (Schöberl et al. 2016, 2017). Es gibt offenbar einerseits Zusammenhänge zwischen dem Persönlichkeitstyp von Hund und Mensch mit dem jeweiligen Bindungstyp und andererseits auch deutliche Zusammenhänge mit dem Geschlecht des Menschen und des Hundes. Gerade angesichts der deutlich erkennbaren Unterschiede im Bindungsgeschehen zwischen männlichen und weiblichen Menschen mit männlichen (oder wahrscheinlich auch weiblichen, dort aber noch nicht statistisch abgesichert) Hunden lassen übrigens den Gebrauch einer

geschlechterneutralen oder geschlechtergerechten Sprache im Zusammenhang mit Mensch-Hund-Beziehungen sehr fragwürdig erscheinen. Das Verhalten eines Hundehalters und einer Hundehalterin unterscheiden sich eben sehr deutlich und auch die Reaktion des Hundes ist dementsprechend geschlechtstypisch. Dies deckt sich übrigens auch mit den aus der Stammesgeschichte unseres Hundes bereits mitgebrachten Bevorzugungen. Hundeartige gehören ja zu denjenigen Säugetieren, bei denen eine soziale und nicht primär auf sexueller Attraktivität beruhende Bindung lebenslang besteht. Die Monogamie als soziale Bindung zwischen einem Rüden und einer Hündin ist eines der Grundmerkmale in der Verhaltensbiologie aller ca. 40 Arten von Hunden, die die zoologische Familie der *Canidae* umfasst (Gansloßer 2013, Schöberl et al. 2013). Für weitere Erkenntnisse der Bindungsforschung zwischen Hunden und ihren vier- und zweibeinigen Kumpanen siehe Gansloßer und Kitchenham (2015, 2019).

BEZIEHUNG UND BINDUNG

Beziehung beschreibt eine zunächst rein funktionale verhaltensbiologische Wechselwirkung zwischen zwei oder mehr Individuen. Sie hängt letztlich von der Erkenntnis ab, dass man bestimmte Probleme des Alltags mit einem bestimmten Sozialpartner oder einer Sozialpartnerin besser als mit beliebigen anderen oder gar allein lösen kann. Erkennen können wir eine Beziehung daran, dass zwischen zwei oder mehr bestimmten Individuen anderes Verhalten gezeigt wird als mit beliebigen anderen. „WAS macht WER mit WEM wie OFT?“, sind die ersten Fragen, die wir uns in diesem Zusammenhang stellen können. Der Wert des Beziehungspartners oder der Beziehungspartnerin bemisst sich dabei, neben der generellen Passung, unter anderem anhand seiner oder ihrer Kenntnisse und Fähigkeiten und der Vorhersagbarkeit seines oder ihres Verhaltens.

Bindung dagegen ist auch emotional. Durch die Wohlfühleffekte in der Nähe eines einzigen Partners oder einer einzigen Partnerin befinden wir uns auch hormonell in einem besonderen Zustand, und auch wenn wir mehrere Bindungen zu mehreren Individuen haben können, kann keine/r den anderen einfach so ersetzen, jede/r hat seinen eigenen Wert für uns. Dieser Wert liegt auch in dem inneren Bild des anderen, das wir mit uns tragen und an das wir uns z. B. erinnern, wenn wir räumlich getrennt sind.

Gerade der Zeitraum der zweiten Hälfte des ersten Lebensjahres, also circa der 6. bis 12. Lebensmonat, wird oftmals als die zweite Prägungsphase bezeichnet.

ENTWICKLUNGSSTADIEN

Obwohl, wie viele Beobachtungen, Erfahrungsberichte und entwicklungsbiologische Fachveröffentlichungen zeigen, die Jungtierentwicklung eines Tieres kaum in starre, durch eindeutige Wochenangaben zu beschreibende Stadien unterteilt werden sollte, sind doch einige wichtige Eckdaten von Bedeutung.

Ortsbindung

Der erste Einschnitt im sozialen und ökologischen Erfahrungsprozess eines Hundewelpen nach der Abgabe in die neue Familie geschieht meist circa in der vierzehnten Lebenswoche. Bis zu diesem Zeitpunkt wird die Sicherheit gebende Struktur für unsere Welpen überwiegend durch eine Ortsbindung gewährleistet. Der sichere Hafen, also der krisenfeste Rückzugsort, gerade in unbekannten Situationen, ist noch vorwiegend der bekannte Ort, an dem man mit der Familie und anderen nahen Bekannten sein Leben verbringt. Häufig bemerkt der Mensch, dass sich der Welpe nur zögerlich von seinem Zuhause entfernen mag. Einige Welpen verfallen gar hinter der Haustür oder spätestens am Gartentor in Sitzstreik. Es ist ein leider noch immer verbreiteter Irrglaube, dass dies erste Anzeichen seien, dass der Hund (wohlgemerkt ein Welpe) die Chefposition übernehmen will. Menschen sind in dieser Zeit allgemein attraktiv, aber eine individuelle, spezielle Bindung an eine bevorzugte Bezugsperson lässt sich noch nicht erkennen. Dies ändert sich circa mit der vierzehnten Lebenswoche.

In freier Natur, auch bei Streunerhunden, ist dies der Zeitpunkt, an dem die Welpen den Rendezvousplatz, den sicheren Platz der Ortsbindung, verlassen und stattdessen die Familiengruppe auf ihren Streifzügen durch das äußere Revier begleiten. In dieser Zeit können gruselige Situationen, potenziell gefährliche Lebewesen etc. in verstärktem Maße erwartet werden. Es ist also kein Wunder, dass eine größere Vorsicht, bisweilen sogar als Ängstlichkeit interpretierbar, bei den Welpen zu beobachten ist.

Personenbindung

Gleichzeitig beginnt circa ab der 16. Lebenswoche langsam die Hauptbezugsperson als festere Bindungsperson, auch deutlich in einschlägigen Tests erkennbar, ihre herausragende Bedeutung zu erlangen. Zugleich wird mit dieser Fixierung auf die Hauptbezugsperson auch das individuelle Erkennen bekannter und gegebenenfalls ein eher durch Fremdeln gekennzeichnetes Distanzieren oder Ablehnen fremder Personen und anderer Lebewesen erkennbar. Um ein weiteres, oft geäußertes Missverständnis zu korrigieren: Eine Territorialität, also der Versuch der Markierung und Verteidigung eines angestammten Lebensraums, ist bei Junghunden frühestens mit 24 Wochen erkennbar.

Pubertät

In unterschiedlichen Zeitabständen und mit unterschiedlichen Entwicklungsgeschwindigkeiten nähert sich dann irgendwann die Pubertät, also der Beginn der Geschlechtsreife. Je nach Größe, Stoffwechsel und anderen Persönlichkeitseigenschaften der Hunde beginnt diese Zeit ab dem 6., bisweilen aber auch erst 9. bis 10. Lebensmonat. Erfahrungsgemäß müssen in dieser Zeit alle Lernprozesse und sonstigen, in der frühen Welpenzeit bereits getätigten Informationsverknüpfungen nochmals bestätigt werden. Auch wenn dies vielen Hundemenschen als unnötige Provokation erscheint, handelt es sich dabei nicht primär um eine Aufmüpfigkeit um ihrer selbst willen und schon gar nicht um den Versuch, seinen Menschen möglichst wirkungsvoll auf die Nerven zu fallen. **Zu Beginn der Geschlechtsreife werden viele Verknüpfungen im Gehirn gelöst und ggf. neuer, effektiver und zielführender wieder verknüpft.** Ökologisch betrachtet ist dies zugleich der Zeitraum, in dem eigentlich das Abwandern aus der Geburtsgruppe und damit potenziell auch das Einleben in neuen sozialen Umständen und in neuen Umgebungen ansteht. Da ist es durchaus ein Vorteil, wenn bisherige Erfahrungen nochmals auf den Prüfstand gestellt und nur dann bestätigt und fest verankert werden, wenn sie unter den neuen Lebensumständen auch noch hilfreich sind. Dass unsere Haushunde, als Nebeneffekt ihrer Neotenie (= permanente Verjugendlichung) doch im „Hotel Mama“ bleiben (wie auch Untersuchungen an Streunerhunden zeigen), ist offenbar bei dieser tiefliegenden Programmierung des Entwicklungsablaufs noch nicht angekommen. **Eindeutig bestätigt ist die Tatsache, dass die Persönlichkeitsentwicklung von Hunden frühestens im Alter von 18 bis 21 Monaten zu einer vorhersagbaren Verhaltensstrategie führt.** Alles zuvor sind Momentaufnahmen, erst danach kann man mit einer gewissen Wahrscheinlichkeit annehmen, dass die Hunde sich auch in Zukunft so verhalten werden, wie sie es jetzt gerade in einer vergleichbaren Situation getan haben. Einige Ausnahmen, z. B. eine übersteigerte Ängstlichkeit mancher Zuchtlinien, gibt es. Und Langzeitbeobachtungen erfahrener Züchter*innen können auch schon vorher gewisse Tendenzen erahnen lassen. Doch die Kernaussage gilt seit Jones & Gosling (2005) noch immer. Komplexere Zusammenhänge der Junghundentwicklung zeigen Zusammenfassungen z. B. von Serpell et al. (2017), Gansloßer und Krivy (2014).

Im 4. Lebensmonat löst sich die Ortsbindung und die Bindung an eine feste Bezugsperson wird erkennbar.

Verhaltensforschung

Die Gefühle unserer Hunde

Interview mit Clive Wynne

Vor nicht allzu langer Zeit hätten die meisten Wissenschaftler*innen wohl verneint, dass Hunde überhaupt Gefühle haben. Sie haben ein Buch über die Fähigkeit von Hunden, Liebe zu empfinden, geschrieben. Erzählen Sie uns doch etwas über Liebe!

Clive Wynne: Ein Dichter sagte mal, Liebe sei eine wunderbar vielfältige Sache. Wissenschaftler*innen haben lange Zeit vermieden, darüber zu sprechen. Ich verstehe auch warum: Der Begriff „Liebe" ist Teil unserer Alltagssprache und kein gut definiertes wissenschaftliches Konzept. So wie wir den Begriff normalerweise verwenden, umfasst er ein weites Spektrum von Verhaltensweisen und Gefühlen, von der lustvollen Liebe bis zur Liebe von Eltern zu ihren Kindern oder der Liebe zwischen Geschwistern. Und wir lieben sogar Gemälde oder Autos. Um wissenschaftlich verwendbar zu sein, muss ein Begriff aber wesentlich präziser gefasst werden. In meinen wissenschaftlichen Arbeiten nutze ich aus diesem Grund den Begriff „Bindung" („attachment") oder andere, begrenztere Begriffe, die aber besser definiert werden können. Zu Problemen kommt es jedoch, wenn die Öffentlichkeit unsere wissenschaftliche Sprache hört und dabei möglicherweise nicht versteht, dass wir damit genau die Dinge meinen, die allgemein als Liebe bezeichnet würden. Aus diesem Grund verwende ich sehr gern alltagsverständliche Begriffe, wenn ich zu einer breiten öffentlichen Zuhörerschaft spreche. Die Art von Liebe, die ich meine, wenn ich über Hunde und ihre Menschen spreche, bezieht sich auf diejenigen Gefühle, die Eltern gegenüber ihren Kindern und Kinder gegenüber ihren Pflegepersonen empfinden. Diese Form von Liebe beinhaltet gegenseitige Unterstützung und Schutz und ist das Fundament einer erfolgreichen Beziehung – sowohl innerhalb einer Art als auch zwischen verschiedenen Arten von Lebewesen.

Was riskieren wir denn zu verlieren, wenn wir nicht berücksichtigen, dass unsere Hunde gefühlvoll und empfindungsfähig sind? Und was verlieren unsere Hunde dabei?

Clive Wynne: Ich finde es nur sehr schwer vorstellbar, wie irgendjemand das emotionale Leben unserer Hunde übersehen könnte. Wenn Hunde irgendetwas sind, dann in erster Linie und allen voran emotionsfähige Lebewesen. Von ihrer

Freude, wenn ich nach Hause komme, bis zu ihrer Furcht vor Männern mit Bärten und ihrem vorsichtigen Umgang mit Katzen strahlt das Verhalten unserer Hunde jederzeit emotionale Beschäftigung mit der Welt um sie herum aus. Wenn wir die emotionale Natur dieser Verhaltensweisen nicht erkennen, erscheinen sie zusammenhangslos und ohne innere Logik. Dies würde unsere Fähigkeit untergraben, sie zu verstehen und für sie zu sorgen. Unsere Hunde würden darunter leiden, dass wir die Bedürfnisse, die sie uns gegenüber ausdrücken, gar nicht erfassen.

Was sind Ihrer Meinung nach die Grundlagen für den Aufbau einer engen Beziehung zu unseren Hunden?

Clive Wynne: Zunächst müssen wir unsere Hunde als gefühlvolle Lebewesen verstehen und ihr Bedürfnis nach liebevoller Gesellschaft erkennen. Dann können wir daran arbeiten, ihnen ein Leben frei von Angst und Schmerz zu ermöglichen, das in einer sicheren und unterstützenden liebevollen Beziehung mit uns verankert ist.

Welche Verantwortung haben wir als Hundehalter*innen?

Clive Wynne: Ich nehme an, dass jeder, der das liest, weiß, dass Hunde den Bedarf nach Bewegung, gesunder Ernährung, tierärztlicher Versorgung und einen bequemen Platz zum ungestörten Ruhen haben. Nicht ganz so allgemein bekannt ist, dass Hunde als hochsoziale Lebewesen auch leiden, wenn sie zu lange allein zuhause gelassen werden. Wir lieben unsere Hunde wegen ihrer hochsozialen Natur, aber wir übersehen manchmal, dass sie deswegen auch Gesellschaft brauchen, um nicht einsam und depressiv zu werden. Hieraus entsteht das am häufigsten diagnostizierte Verhaltensproblem, das Tierärzt*innen „Trennungsangst" nennen. Eine Vielzahl der Vorkommnisse von Trennungsangst ist dabei keine unvernünftige Reaktion auf normale Lebensumstände, sondern eine verständliche Reaktion auf Situationen, in die Hunde nicht gebracht werden sollten. Wir sollten unsere Hunde nicht für acht, zehn oder zwölf Stunden allein zuhause lassen, während wir zum Arbeiten und um unsere Freizeit zu genießen nach draußen gehen. Genau wie wir, brauchen auch Hunde Gesellschaft.

Wie können wir das Wohlbefinden unserer Hunde steigern?

Clive Wynne: Neben der Erkenntnis, dass wir unsere Hunde vor Einsamkeit schützen müssen, müssen wir meiner Meinung nach auch die Fehlmeinung korrigieren, dass wir unseren Hunden mit Zwang und Schmerz zeigen müssen, dass wir das Sagen haben. Hunde rechnen damit – genau wie Menschen – in hierarchischen Gesellschaften zu leben. Aber Menschen, die mit Hunden leben, müssen verstehen, dass Hunde von uns eine wohlwollende Anführerschaft und keine gewaltsame Diktatur erwarten. Unsere Hunde wie auch unsere Kinder brauchen Unterstützung bei der Orientierung in einer Welt, die wir geschaffen haben und die sie oft allein nicht verstehen können. Es ist an uns, sie anzuleiten – sanft und mitfühlend.

Über den Autor

Dr. Clive Wynne ist Professor am Department of Psychology der Arizona State University und Direktor des dortigen Canine Science Collaboratory. Sein Buch: „... und wenn es doch Liebe ist" (2019) zeigt, dass die wissenschaftliche Beschäftigung mit dem Verhalten und der Biologie von Haushunden keineswegs die gefühlvolle Betrachtung ihres Alltagslebens und ihres Zusammenlebens mit uns als Sozialpartner*innen ausschließt.

BLICKKONTAKT, IMPULSKONTROLLE & HÖFLICHES MITEINANDER

BLICKKONTAKT

Sind wir in der Lage, die Blicke unserer Hunde zu entschlüsseln, hebt dies unsere Kommunikation auf eine höhere Stufe.

Ein Blick kann ebensoviel sagen wie Worte

Schau mir in die Augen …

Gerade auf dem Weg vom Protohund oder seinen wölfischen Vorfahren zum heutigen modernen Familienhund hat sich im Hinblick auf Blickkontakte und deren hormonellen Zusammenhänge einiges getan.

Bereits im Jahr 2003 konnten Ádám Miklósi und sein Team zeigen, dass auch perfekt auf den Menschen sozialisierte, handaufgezogene Wölfe später beim gemeinsamen Spaziergang kaum einmal den Blick zurück auf ihren dahinter gehenden Zweibeiner gerichtet hatten. Dieses als „kleine Ursache für einen großen Unterschied" veröffentlichte Ergebnis wurde einige Jahre später durch Angie Johnston und ihr Team (2017) weiter präzisiert: Sie verglichen nicht nur handaufgezogene Wölfe und Familienhunde, sondern auch handaufgezogene australische Dingos. Dingos sind gewissermaßen in einem frühen Stadium der Domestikationsgeschichte des Hundes verwilderte Tiere. Durch ihre Beobachtung konnte ein genauerer Blick auf die Entstehungsgeschichte dieses gemeinsamen Merkmales gerichtet werden. Dingos nahmen nämlich sehr viel häufiger Blickkontakt mit Menschen auf, als handaufgezogene Wölfe, hielten diesen jedoch nicht so lange wie die Familienhunde. Daraus lässt sich erkennen, dass diese Veränderung im Verhalten offenbar in mehreren Stufen zu unterschiedlichen Zeiten stattgefunden hat. Die erste Stufe, die bereits vor etlichen tausend Jahren abgeschlossen gewesen sein muss, betrifft das häufigere Aufnehmen von Blickkontakt, also die kurze Rückversicherung zwischen Vier- und Zweibeiner. Die zweite Stufe, die erst später in der Domestikationsgeschichte entstand, als die Vorfahren der heutigen Dingos die unmittelbare Nähe des Menschen wieder verlassen hatten, lässt eine längere und damit intensivere Blickkontaktdauer entstehen.

ROLLE DER HORMONE

Die hormonellen Zusammenhänge in diesem Blickkontaktschema wurden unter anderem von einer japanischen Arbeitsgruppe um Mojito Nagasawa (2015) ausführlich untersucht. Wenn ein Mensch mit seinem Hund über einen längeren Zeitraum, z. B. während des Ausfüllens eines

> Wer den Blickkontakt mit seinem Hund vermeidet oder diesen nicht erwidert, vergibt eine ganz besondere Chance auf ein harmonisches und emotionales Zusammenleben.

Fragebogens oder der Beantwortung von Interviewfragen, in einem Raum mit der Versuchsleiterin saß, konnte man aufgrund der zwischen Menschen und Hund ausgetauschten Blickkontakte eine zuverlässige Vorhersage der Konzentrationsunterschiede eines für Sozialverhalten ausgesprochen wichtigen Hormons messen: Je häufiger der Austausch von Blickkontakt, desto höher war bei beiden am Ende dieser Versuchssitzung die Konzentration des als Sozial- oder Bindungshormon bezeichneten Oxytocins. Man konnte einfach (zumindest theoretisch, labortechnisch kompliziert) im Urin beider Beteiligter die Oxytocin-Konzentration vor und nach der Versuchssitzung vergleichen. Je häufiger die beiden Blickkontakt hatten und/oder je häufiger beide auch mit Spielaufforderungen aufeinander zugingen, desto stärker war der Anstieg der Oxytocin-Konzentration zwischen der Ausgangs- und der Endsituation.

Nähe durch Blickkontakt

Betont werden muss, dass gerade das Element „Nähe suchen", das wir bereits als eines der vier wichtigen Bestandteile einer stabilen, harmonischen und gesicherten Bindung zwischen zwei Lebewesen kennengelernt haben (siehe S. 23), bei Hunden nicht unbedingt immer nur den kuscheligen Körperkontakt meint. Gerade bei unseren Familienhunden, die so sehr mit uns Menschen gemeinsam sozialisiert sind, kann Nähe suchen einfach nur in einem Blickkontakt, der vom anderen erwidert oder vom Menschen durch ein lächelndes Zunicken bestätigt wird, bereits ausgebildet werden. Wahrscheinlich (Praxiserfahrung, wenn auch empirisch noch nicht untersucht) muss es auch kein direkter Blick ins Auge sein. Blickrichtung zum Gesicht oder auch zum Oberkörper des Menschen dürfte reichen, was für Hunde aufgrund ihrer Fähigkeit zur Rundumsicht erst einmal leichter ist. Allerdings kommt es hier auf die Kopfform an: Langschnauzige Hunde haben eine nahezu Rundum-Scharfsicht, kurzschnauzige dagegen, ähnlich wie wir Menschen, sehen vorwiegend vor der Nasenspitze scharf. Dementsprechend können normal- bis langschnauzige Hunde auch beim Vorauslaufen aus den Augenwinkeln Blickkontakt aufnehmen, ohne den Kopf zu drehen. So sehr der Blickkontakt auch vor dem Hintergrund der Bindung von Hund und Mensch wichtig genommen und unterstützt werden sollte, so sehr muss betont werden, dass nur diejenigen Mensch-Hund-Teams eine stabile und gesicherte Bindung haben, bei denen das Nähesuchen und das Erkundungsverhalten des Hundes, z. B. Schnuppern, Schnüffeln, In-die-Gegend-Lauschen etc., in einem einigermaßen ausgewogenen Verhältnis zueinander stehen. Der als sichere Basis bezeichnete Teil von Bindung, der auch darin besteht, dass der Hund sich gerade in Anwesenheit seines bevorzugten Bindungspartners traut, Neugier- und Erkundungsverhalten zu zeigen, ist ebenso wichtig, wie das Nähesuchen. Das bereits besprochene Bindungskleeblatt ist bekanntermaßen nur dann glückbringend, wenn alle vier Blätter einigermaßen gleich groß sind.

Geschlechts- und Rasseunterschiede

Rassen, die auf eine selbstständigere Arbeit an der Seite des Menschen selektiert und gezüchtet wurden (Herdenschutzhunde, Meute- und Fährtenhunde, Kleinhunde für die Baujagd), zeigen insgesamt weniger Blickkontakt zum Menschen

Die Nähe, die hier zwischen Rosi und ihrem Menschen zu sehen ist, ist beinahe greifbar.

als solche, die von Anfang an auf enge Kooperation mit dem Menschen gezüchtet wurden (Britische Hütehunde, Apportierhunde etc.). Letztlich, so haben Untersuchungen moderner molekulargenetischer Methoden gezeigt, ändern sich die Bindungsstellen, deren Ausformung und deren Konzentration für das Oxytocin in verschiedenen sozialrelevanten Teilen des Gehirns auch im Laufe der Domestikationsgeschichte. Die dabei auftretenden individuellen und rassetypischen Unterschiede erklären die unterschiedliche Bereitschaft der Hunde, sich dieses Blickkontakts zu bedienen (Bence et al. 2017, Kovacs et al. 2016). In Bezug auf die Geschlechtsunterschiede ist noch zu beachten, dass Rüden in einer stabilen, gesicherten Bindung – vor allem mit einer weiblichen Bezugsperson – mehr im Außenfokus sind, Hündinnen in einer vergleichbaren stabilen und gesicherten Bindung mehr im Innenfokus. Darauf ist vor allem dann zu achten, wenn Außen- und Innenfokus z. B. bei Zuchtzulassungs- oder ähnlichen Prüfungen der Rasseverbände als Hinweis für eine gute Bindungsfähigkeit bewertet werden.

BEOBACHTUNGSÜBUNG: BLICKKONTAKT

Ziel der Übung: Blickkontakte wahrnehmen lernen, Deutungsversuche unternehmen

Hunde kommunizieren mit anderen Lebewesen auf vielfältige Weise. In dieser Beobachtungsübung liegt der Fokus auf einer bestimmten Art der Kommunikation: dem Blickkontakt. Insbesondere geht es hier um den Blickkontakt, den Ihr Hund von sich aus zu Ihnen aufnimmt. Es geht nicht um den Blickkontakt, den Ihr Hund zu Ihnen aufnimmt, weil Sie ihn beispielsweise gerufen haben.

Wir unterteilen den Blickkontakt in zwei Varianten:

1. Der Hund schaut dem Menschen klar und direkt in die Augen (→ 3).

2. Der Hund schaut den Menschen ausdrücklich an, aber nicht in die Augen, sondern auf eine andere Körperregion (→ 1).

Der Hundekopf muss in beiden Varianten nicht unbedingt zum Menschen hin gerichtet sein (→ 2). Es kann auch ein Blick aus den Augenwinkeln sein. Dieser ist am schwierigsten zu bemerken.

Ort/Situation:

1. Situation → allein mit Ihrem Hund draußen

2. Situation → allein mit Ihrem Hund zu Hause (Hund ist aktiv)

3. Situation → in Anwesenheit anderer Personen zu Hause (Hund ist aktiv)

4. Situation → Ihr Hund ohne Leine im Kontakt/Spiel mit anderen Hunden

Was Sie brauchen: Zettel und Stift für eine Strichliste. Tragen Sie Ihre Beobachtungen in die Tabelle ein.

Aufgabe 1: Zählen Sie die Blickkontakte, die Ihr Hund in der jeweiligen Situation von sich aus zu Ihnen aufnimmt.

Aufgabe 2: Überlegen Sie bei jedem Blickkontakt, warum Ihr Hund Sie anschaut. Nimmt Ihr Hund keinen Blickkontakt auf, überlegen Sie, warum Ihr Hund keinen Blickkontakt zu Ihnen aufgenommen hat.

Aufgabe 3: Erzählen Sie einem anderen Menschen von einer Situation, in der Ihr Hund Blickkontakt zu Ihnen aufgenommen hat und Sie wussten, was er von Ihnen wollte.

Situation	Anzahl der Blickkontakte	Grund
1 Allein draußen mit Ihrem Hund		
2 Allein mit Ihrem Hund zu Hause		
3 In Anwesenheit anderer Personen zu Hause		
4 Ihr Hund ohne Leine im Kontakt/ Spiel mit anderen Hunden		

1

Je häufiger Sie die Blickkontakte von Ihrem Hund beantworten, desto häufiger wird er Blickkontakt zu Ihnen aufnehmen.

2

3

1. Ausdrücklicher Blick, aber nicht in die Augen.

2. Blick, ohne den Kopf auszurichten.

3. Klarer Blick direkt in die Augen, mit ausgerichtetem Kopf.

1

2

3

1. Ragnar springt hoch, um sein Spielzeug zu bekommen.

2. Strategiewechsel, da Hochspringen nicht zum Erfolg führte.

3.+4. „Bitte sagen", mit Anheben einer Pfote, führt zum Erfolg.

PRAXISÜBUNG: BITTE SAGEN HILFT

Hintergrund der Übung

Hunde können sehr gut zeigen, wenn sie etwas möchten – manchmal aber durch Verhaltensweisen, die im Alltag unpraktisch oder nicht angemessen sind. Möchte ein Hund unbedingt sein Futter haben oder die Aufmerksamkeit des Menschen, kann es vorkommen, dass er wie ein Flummi auf und ab springt und gegebenenfalls sogar seinen Menschen anspringt. Dies gilt es zu verhindern. Andererseits gibt es auch Hunde, die ihre Bedürfnisse nur sehr undeutlich und für den Menschen kaum erkennbar mitteilen. Daher können Sie Ihrem Welpen beibringen, Bitte zu sagen, indem er ein vereinbartes Verhalten zeigt, wenn er etwas möchte. Ihr Hund lernt also, dass nicht impulsives Handeln der Schlüssel zum Erfolg ist, sondern sich ruhiges Verhalten letzten Endes auszahlt und Sie lernen, die Bedürfnisse Ihres Hundes zu erkennen und zu beantworten. Gleichzeitig sollten Sie aber immer zwischen Bitten und Betteln unterscheiden (siehe S. 43).

Vorbereitung der Übung

Für diese Übung brauchen Sie ein für Ihren Hund interessantes Spielzeug oder ein Leckerli. Außerdem muss Ihr Hund ein Signal beherrschen, das Sie mit dem Bitten in Verbindung bringen möchten. Im Folgenden wird das Signal „Sitz" verwendet, denkbar sind aber auch andere Verhaltensweisen.

Durchführung der Übung

Für diese Übung nehmen Sie einen Gegenstand in die Hand und halten diesen auf Brusthöhe. Dieser Gegenstand sollte für den Hund in irgendeiner Art attraktiv sein. Für futterbegeisterte Hunde bietet sich ein

4

Leckerli oder Kauknochen an, für objektmotivierte Hunde kann auch ein Spielzeug des Welpen verwendet werden. Sobald Sie den Gegenstand in der Hand halten, fordern Sie Ihren Hund zum Hinsetzen auf (oder zu einer anderen Verhaltensweise, die Ihr Hund fürs Bitten zeigen soll). Setzt Ihr Welpe sich hin, wird er mit dem Leckerli oder Spielzeug belohnt. Ziel der Übung ist, dass der Welpe irgendwann von selbst auf die Lösung kommt, das vereinbarte Verhalten zu zeigen, wenn Sie das Leckerli oder den Gegenstand in die Hand nehmen. Sie sollten allerdings geduldig sein und nicht zu früh von Ihrem Welpen erwarten, dass er sich eigenständig hinsetzt. Üben Sie daher mindestens eine Woche lang mehrmals täglich mit Ihrem Welpen. Sie können dann abwarten, ob Ihr Welpe sich auch ohne Ihr Signal hinsetzt. Versuchen Sie hierzu den Zeitabstand zwischen dem Zeigen des Gegenstands und dem Geben des Signals auszudehnen. Sie geben Ihrem Hund also die Möglichkeit von selbst auf die Lösung zu kommen. Sollte Ihr Welpe sich nicht eigenständig hinsetzen, helfen Sie ihm durch das Signal.

Wenn es nicht klappt

Üben Sie mit Ihrem Hund und er setzt sich nicht hin, obwohl er bereits mehrmals eigenständig auf die Lösung gekommen ist, könnte das vielfältige Gründe haben. Überlegen Sie, ob die Ablenkung vielleicht zu hoch ist. Außerdem sollten Sie auf die Motivation Ihres Welpen schauen. Hat er gerade gefressen, ist der Anreiz eventuell nicht groß genug. Ist Ihr Welpe hingegen sehr hungrig, ist es schwieriger, die Impulskontrolle vom Hund einzufordern und er könnte sich womöglich sehr ungeduldig zeigen.

Abtransport des erlangten Spielzeugs.

Bitte sagen hilft – im Alltag

Ist das selbstständige Zeigen des Verhaltens gefestigt, können Sie beginnen, die Situation zu generalisieren: Statt eines Leckerlis wird ein Spielzeug oder die Futterschüssel genommen. Kommt Ihr Welpe nicht auf die Lösung, helfen Sie durch Sicht- und/oder Hörzeichen nach. Sie können Ihrem Hund also dabei helfen, nach und nach das unerwünschte Verhalten durch das vereinbarte zu ersetzen, indem Sie im Alltag noch weiter generalisieren und in allen Situationen, in denen Ihr Hund Sie um etwas bitten muss oder soll, das Verhalten einfordern. Dabei wird jede Situation wie beschrieben geübt. Je länger und generalisierter der Hund das „Bitte" kennt, desto schneller kommt er in anderen Situationen auf die Lösung. Wichtig ist, dass Sie die Äußerung einer Bitte nicht unbeantwortet lassen. In der Anfangsphase sollte der Hund möglichst häufig bekommen, worum er bittet, damit er das erwünschte Verhalten als lohnend abspeichert. Später gilt dies aber nicht mehr. Er muss nicht unbedingt bekommen, was er gern hätte. Sie sollten Ihrem Hund dennoch stets zeigen, dass Sie ihn und seinen

Teddy bittet höflich um ein Leckerli und erhält es.

Wunsch verstanden haben. Achten Sie im Alltag aber darauf, dass Ihr Hund nicht alles erbitten muss, sondern er auch selbstbestimmt handeln darf und muss – den Hund einfach mal Hund sein zu lassen, gehört eben auch dazu.

Kurz zusammengefasst

Lernziel Hund: Er weiß, wie er Ihnen höflich verdeutlichen kann, dass er etwas möchte.
Lernziel Mensch: Sie erkennen, wann Ihr Hund etwas von Ihnen möchte.
Aufbau der Übung:
- Nehmen Sie einen Gegenstand in die Hand (Leckerli oder Spielzeug).
- Geben Sie das Signal für das erwünschte Verhalten.

Nach einigen Übungseinheiten: Halten Sie den Gegenstand hoch und warten Sie ab:
- Hund zeigt das vereinbarte Verhalten → loben und seine Bitte erfüllen.
- Hund zeigt das vereinbarte Verhalten nicht → Signal geben, Verhalten abwarten und loben.

Überlegen Sie bei einer ersten Bitte immer gut, ob Sie dieser nachkommen oder sie ablehnen. Generell sollten die Bedürfnisse Ihres Hundes genügend Raum erhalten. Doch es wird auch nicht wenige Bitten Ihres Hundes geben, die Sie ablehnen wollen oder die gar abgelehnt werden müssen (wie z. B. die Bitte um ein Stück Schokolade). Je konsequenter Ihr Hund lernt, dass eine Ablehnung eben eine Ablehnung ist und bleibt, desto geringer ist die Wahrscheinlichkeit, dass er sich angewöhnt – oder man könnte auch sagen, angewöhnen muss – zu betteln. Bettelt Ihr Hund dann doch einmal, tun Sie gut daran, sich zu fragen, warum. Und wenn sich herausstellt, dass er nicht deshalb fiepend vor Ihnen steht, weil er die Schokolade will, sondern sich dringend einmal erleichtern muss, sollten Sie umgehend reagieren (und sich an die Stirn fassen, weil Sie das nicht gemerkt haben).

Bellen ist eine eher unerwünschte Strategie und sollte dann auch nicht zum Erfolg führen.

BITTEN UND BETTELN

Zwischen Bitten und Betteln besteht ein wichtiger Unterschied. Folgendermaßen können diese beiden Handlungen voneinander abgegrenzt werden: Verneinen Sie eine Bitte Ihres Hundes, wird dies ohne Widerrede akzeptiert. Es kann vorkommen, dass Ihr Hund noch einmal nachfragt und erneut bittet, weil es ihm wirklich wichtig ist. Spätestens nach der erneuten Ablehnung (die Sie beispielsweise geben müssen, weil Schokolade nun einmal giftig für Hunde ist, ganz egal, wie gern Ihr Hund davon etwas abbekäme) findet sich Ihr Hund aber damit ab. Zeigt sich Ihr Hund hingegen beharrlich und lässt die Sache dann noch immer nicht ruhen, bettelt er.

1

2

1. Louise wird aufgefordert, sich zu setzen.

2. Sie wartet geduldig darauf, dass sie ihr Spielzeug erhält.

PRAXISÜBUNG: GEDULD – ES LOHNT SICH!

Hintergrund der Übung

Da diese Übung zum einen ein erhöhtes Maß an Geduld und zum anderen das gefestigte Signal „Sitz“ voraussetzt, kann sie erst ab einem Alter von circa zwanzig Wochen durchgeführt werden. Sie verlangt viel Konzentration und Selbstbeherrschung, weshalb sie nur wenige Male hintereinander und bestenfalls in mehrere kurze Übungseinheiten über den Tag verteilt, durchgeführt werden sollte. Generell spielt die Fähigkeit zum Bedürfnisaufschub und zur Geduld beim Erwachsenwerden aller Hunde eine wichtige Rolle. Jedoch ist sie für Persönlichkeiten des A-Typs (siehe S. 137) besonders zu empfehlen, da diese sich schnell aufregen und im Verlauf ihres Lebens lernen müssen, das Entspannen und Abwarten zu genießen. Ihr Hund lernt schrittweise eine ruhige Position länger auszuhalten und dabei geduldig auf seine Belohnung zu warten. Und Sie bekommen ein besseres Gefühl für den richtigen Zeitpunkt des Belohnens.

Vorbereitung der Übung

Sie benötigen je nach Vorlieben des Hundes Leckerlis oder ein Spielzeug. Außerdem muss Ihr Hund das Signal „Sitz“ zuverlässig ausführen können.

Durchführung der Übung

Sie beginnen die Übung, indem Sie Ihren Hund dazu auffordern, sich hinzusetzten. Statt wie gewohnt direkt zu belohnen, verzögern Sie die Belohnung um eine kurze Zeit. Anfangs ist hierbei eine Sekunde ausreichend. Je öfter Sie die Übung durchführen, desto länger wählen Sie die Zeitspanne zwischen Aufforderung und Belohnung. Ihr Hund lernt somit, dass sich das Warten lohnt. Geben Sie nur das Sichtzeichen für „Sitz“, achten Sie darauf, dass sie es auch wirklich nur für eine kurze Zeit geben und dann auf die Reaktion des Hundes warten. Auch ein Hörzeichen wird nicht wiederholt, es sei denn, der Hund setzt sich nicht hin oder steht eigenständig auf. Möchten Sie mit der Kombination aus Sicht- und Hörzeichen arbeiten, so geben Sie das Sichtzeichen nur so lange Sie auch das Hörzeichen geben. Die Schwierigkeit dieser Aufgabe kann variiert werden, indem die Zeitspanne vergrößert wird oder aber die Übung an Orten mit einer größeren Ablenkung abgefragt wird. Sie dürfen aber nicht zu ungeduldig sein; erhöhen Sie die Zeitspanne oder Ablenkung nur langsam und passen Sie den Schwierigkeitsgrad immer an Ihren Hund an.

Geduld – Es lohnt sich! – im Alltag

Kann Ihr Hund schon eine gewisse Zeit unter Ablenkung ruhig abwarten, können Sie mit dem Generalisieren beginnen. Hierzu variieren Sie die Position und fordern auch im „Platz“ Zurückhaltung und Ruhe. Auch das Objekt des Begehrens, das Sie in der Hand halten, kann variiert werden. Je attraktiver das Objekt für Ihren Hund ist, desto schwieriger ist es für ihn, geduldig zu warten. Da Ihr Hund mithilfe dieser Übung lernt, sich ruhig und geduldig zu verhalten und dafür belohnt zu werden, eignet sie sich gut als Vorübung für das klassische „Bleib“. Ähnlich wie bei der Praxisübung „Bitte sagen hilft“, können Sie Ihren Hund auch vor dem Füttern zum Hinsetzen und Ruhigbleiben auffordern, sodass sich das Füttern besonders bei gierigen Hunden angenehmer gestalten lässt. Da diese Übung erst relativ spät durchgeführt werden kann, bietet es sich an, mit Welpen das „Bitte sagen“ zu üben und Ihrem Hund mit steigendem Alter dann Geduld und Ruhe über diese Übung zu vermitteln.

Kurz zusammengefasst

Lernziel Hund: Er lernt geduldig zu warten.

Lernziel Mensch: Sie bekommen ein gutes Gefühl für den richtigen Zeitpunkt beim Belohnen.

Aufbau der Übung:

– Fordern Sie Ihren Hund zum Hinsetzen auf.

– Erhöhen Sie die Zeitspanne zwischen Aufforderung und Belohnung.

– Sie erhöhen den Schwierigkeitsgrad über die Verlängerung der Zeitspanne, den Grad der Ablenkung oder über die Attraktivität des Objektes.

3. Auch während des Gebens zeigt Louise noch ein hohes Maß an Selbstkontrolle.

4. Dann spielt sie ausgelassen mit ihrem Menschen.

3

4

1

2

1. Die Leckerlis werden Teddy präsentiert …

2. … und in den Fäusten langsam …

PRAXISÜBUNG: UNLÖSBAR? FRAG DOCH MICH!

Hintergrund der Übung

Bei dieser Übung stehen Kommunikation und Bindung zwischen Mensch und Hund im Vordergrund. Ihr Hund lernt, dass und wie er sich in Situationen, in denen er nicht weiterkommt, an Sie wenden und auf Ihre Unterstützung setzen kann. Sie können mit dieser Übung aktiv Einfluss auf das zukünftige Problemlöseverhalten Ihres Hundes nehmen und sich in seinen Fokus rücken. Hierdurch geben Sie Ihrem Hund eine Möglichkeit, schwierige Situationen oder auch Belastungssituationen sicher zu meistern: Anstatt aufgeben zu müssen und eventuell sogar sein Anpassungssystem zu überlasten, erfährt Ihr Hund, dass er sich erfolgversprechend an Sie wenden kann, wenn er allein keine Lösung findet. Diese Übung ist gerade für B-Typen (siehe S. 137) sehr hilfreich, die im Laufe ihres Lebens lernen müssen, dass sie aktiv etwas an ihrer Situation ändern können, und dass das Lösen von Aufgaben letztendlich von Erfolg gekrönt ist. Sie profitieren im Alltag aber ebenso von dieser Übung: Sie können erkennen, wann Ihr Hund zu Ihnen Kontakt aufnimmt und bekommen mit der Zeit ein besseres Gefühl für das richtige Timing beim Belohnen – und das ist bekanntlich nicht nur bei dieser Übung sehr wichtig.

Vorsicht: Auch, wenn dies eine großartige Übung für das Zusammenleben von Mensch und Hund ist, sollten Sie stets darauf achten, dass Ihr Hund Ihre Hilfe nicht immer und überall ohne überhaupt einen Versuch zu wagen, abfragt. Für die Entwicklung Ihres Hundes ist es ebenso bedeutsam, dass er lernt, eigenständig Probleme lösen zu können und auch hierfür sollte er Aufgaben (wie z. B. Suchaufgaben) gestellt bekommen und von Ihnen in der Entwicklung unterstützt werden.

3

4

Vorbereitung der Übung

Eine ausreichende Anzahl an Leckerlis sollten bereitgelegt werden.

Durchführung der Übung

Hocken oder knien Sie sich für diese Aufgabe vor Ihren Hund. Ob dieser liegt, steht oder sitzt ist dabei egal. Nehmen Sie in beide Hände ein Leckerli. Achten Sie darauf, dass Sie nicht zwei verschiedene Sorten verwenden – keines der Leckerlis sollte attraktiver sein als das andere. Nun umschließen Sie die Leckerlis jeweils mit einer Faust, halten sie circa auf Augenhöhe des Hundes vor ihn und bewegen die Fäuste langsam auseinander. Wenn Sie die Hände etwa schulterbreit auseinander geführt haben, verharren Sie in dieser Position und warten ab. Wahrscheinlich wird Ihr Welpe versuchen, an die Leckerlis in Ihren Fäusten zu gelangen. Das Tun Ihres Welpen ignorieren Sie und warten weiterhin mit den ausgestreckten Händen ab. Wird Ihr Hund allerdings zu nachdrücklich und versucht z. B. in die Hände zu beißen oder hochzuspringen und zu kratzen, nehmen Sie die Hand, die Ihr Hund gerade „bearbeitet" außer Reichweite. Sobald er sich in seinem Verhalten zurückgenommen hat, bringen Sie die Hand wieder in Position. Erst wenn Ihr Hund sich ruhig verhält und Kontakt zu Ihnen aufnimmt, z. B. durch Blickkontakt, loben Sie ihn mit ruhiger Stimme und geben ihm ein oder beide Leckerlis. Ihr Hund muss Ihnen nicht direkt in die Augen sehen, schon Hals- oder Brustbereich sind ausreichend (siehe auch S. 38, 92). Gerade sehr junge Welpen verlieren schnell die Aufmerksamkeit. Sollte dies der Fall sein, so verharren Sie noch kurz in der Position, denn schnell wenden sich die meisten Welpen wieder ihrem Menschen zu und versuchen erneut an das Leckerli zu gelangen. Sollte Ihr Hund allerdings kein Interesse mehr haben, so beginnen Sie die Aufgabe erneut, vielleicht zu einem anderen Zeitpunkt und mit etwas interessanteren Leckerlis.

3. … auf Schulterbreite auseinandergeführt.

4. Erster erfolgloser Versuch, an das Leckerli zu gelangen.

5

6

5. Zweiter erfolgloser Versuch, an das Leckerli zu gelangen.

6. Dann findet Teddy des Rätsels Lösung.

Eine der größten Fehlerquellen bei dieser Aufgabe ist es, seinem Hund zu schnell zu helfen. Kommt Ihr Hund aber wirklich nicht von selbst auf die Lösung, sollten Sie die Übung nicht einfach abbrechen. Besser ist es, wenn Sie Ihrem Hund in diesem Fall ein bisschen auf die Sprünge helfen – beispielsweise in Form eines Geräusches (z. B. Schnalzen). Schaut Ihr Hund Sie an, loben Sie ihn ruhig und geben ihm die Leckerlis. Sie werden sehen, dass mit steigender Anzahl an Versuchen Ihr Hund immer schneller und auch ganz von allein auf die Lösung kommen wird. Können Sie Ihren Hund aber in keinem Fall überzeugen, Sie anzuschauen, bekommt er natürlich keine Belohnung. Nun sollten Sie die Aufgabe tatsächlich abbrechen und sie zu einem späteren Zeitpunkt, womöglich einem anderen Tag, erneut stellen.

Unlösbar? Frag doch mich! – im Alltag

Ihr Hund wird schnell verstehen, dass die Kontaktaufnahme zu Ihnen in diesem Fall der Schlüssel zum Erfolg ist. Daher müssen Sie diese Übung nicht speziell regelmäßig in Ihren Alltag einbauen, sondern sollten darauf achten, dass Sie Kontaktaufnahmen durch Ihren Hund auch beantworten (siehe S. 35). Weiterhin kann diese Übung als Ergänzung zum „Bitte sagen“ (siehe S. 40) eingesetzt werden. Dass Hunde zum Erfragen von Hilfe den Blickkontakt einsetzten, zeigten Ádám Miklósi und sein Team im Jahr 2000. Sie platzierten Futter oder ein Spielzeug in für den Hund unerreichbarer Höhe und konnten tatsächlich beobachten, dass die Hunde versuchten, ihren Menschen mittels Blickkontaktwechsel mitzuteilen, wo das Objekt der Begierde versteckt war.

Hat Ihr Hund also mithilfe dieser Übung verstanden, dass Sie ihm bei Kontaktaufnahme helfen und das Problem lösen, können Sie die Übung beliebig abwandeln und in den Alltag übernehmen. Sie können z. B. ein Leckerli oder das Lieblingsspielzeug unter oder hinter einem Gegenstand verstecken, den Sie anheben müssen, damit Ihr Hund herankommt, wenn er danach fragt. Je öfter und abwechslungsreicher Sie diese Übung im Alltag mit Ihrem Hund gestalten, desto eher wird er das Verhalten generalisieren und sich auch in anderen Situationen, in denen es nicht unbedingt um Futter oder ein Spielzeug geht, fragend an Sie wenden.

Kurz zusammengefasst

Lernziel Hund: Er lernt seinen Menschen als Schlüssel zum Lösen von Problemen kennen und lernt, sich fragend an ihn zu wenden.
Lernziel Mensch: Der Mensch erkennt, wenn sein Hund ihn um Hilfe fragt.

Aufbau der Übung:
– In die Ausgangsposition gehen (in der Hocke, die Fäuste mit jeweils einem Leckerli darin etwa schulterbreit vor dem Hund ausgestreckt)
– Reaktion des Hundes abwarten
– Der Hund versucht das Leckerli zu erlangen → ignorieren.
– Der Hund wird zu nachdrücklich → Hand außer Reichweite des Hundes nehmen und anschließend wieder in Ausgangsposition bringen.
– Der Hund verliert das Interesse → kurz warten, ansonsten mit interessanteren Leckerlis erneut starten.
– Der Hund bleibt ruhig, nimmt sogar Kontakt auf → ruhiges Lob und Leckerli freigeben.

7. Er nimmt Blickkontakt auf …

8. … und die Leckerlis werden freigegeben.

8

7

Die Umwelt zu erkunden, ist eine sehr wichtige Beschäftigung für einen Welpen.

PRAXISÜBUNG: VORBEIKOMMENSJUCHU

Hintergrund der Übung

Beim „Vorbeikommensjuchu" steht die Kontaktaufnahme zwischen Mensch und Hund im Mittelpunkt. Eine gesicherte Bindung zeichnet sich u.a. durch die eigenständige Kontaktaufnahme von beiden Seiten – vom Mensch zum Hund, aber auch vom Hund zum Mensch – aus. Oftmals kann jedoch beobachtet werden, dass das Kontaktsuchen durch den Hund vom Mensch unbeantwortet bleibt, trotz der immensen Bedeutung für die Bindung. Ihr Hund lernt im Verlauf dieser Übung die eigenständige Kontaktaufnahme zu Ihnen als lohnenswert kennen und wird immer wieder gern Ihre Nähe suchen. Sie erfahren, wie Sie durch einladendes Ausdrucksverhalten (Lächeln oder In-die-Hocke-Gehen) Kontakt zu Ihrem Hund aufnehmen können, werden sensitiver für dessen Kontaktaufnahmeversuche und können darauf adäquat reagieren.

Vorbereitung der Übung

Für diese Übung ist keine Vorbereitung notwendig.

Durchführung der Übung

Sie sollten sich während des Sozialspiels oder auch auf Erkundungsausflügen Ihres Welpen immer in dessen Nähe aufhalten, um mögliche Signale der Kontaktaufnahme erkennen zu können. Sie können sich zusätzlich passiv einladend verhalten, indem Sie lächeln oder in die Hocke gehen. Heranrufen sollten Sie Ihren Hund bei dieser Übung jedoch nicht. Es geht nicht darum, dass sich Ihr Welpe aus unterschiedlichen Situationen abrufen lässt, sondern dass er immer wieder erfährt, dass Sie für ihn da sind. Nähert sich Ihr Welpe oder nimmt Blickkontakt zu Ihnen auf, reagieren Sie positiv. In welcher Form Ihre Reaktion ausfällt, müssen Sie individuell entscheiden: Denkbar sind Blickkontakt, Zunicken, ein freundliches „Hallo", das Hinweisen auf eine Stelle zum Schnuppern oder das Anbieten eines Spielzeugs oder Leckerlis, wobei letzteres nur zu Beginn gegeben werden sollte, denn im Bindungsaufbau kommt Futter eine geringe Rolle zu. Wie auch immer Ihre Reaktion ausfällt, sie sollte vom Hund bemerkt werden (können). Die Kontaktaufnahme darf sich für Ihren Welpen nicht als vergeblich darstellen. Beachten Sie, dass es bezüglich des Blickfeldes Unterschiede zwischen lang- und kurzschnauzigen Hunden gibt und Sie Ihren Welpen genau beobachten müssen (siehe S. 94). Achten Sie auch darauf, dass Sie Ihren Welpen nicht zu sehr in Beschlag nehmen, indem Sie ihn übermäßig streicheln oder gar festhalten – das würde das Ziel der Aufgabe verfehlen. Ihr Welpe darf nach der Kontaktaufnahme selbst entscheiden, was als Nächstes passiert. Es kann tatsächlich sein, dass er den körperlichen Kontakt zu Ihnen sucht. Ebenso ist es aber auch möglich, dass er weiter auf Erkundungstour geht oder mit seinen Artgenossen spielen möchte, immer wissend, dass Sie ihm im Notfall zur Seite stehen.

Vorbeikommensjuchu – im Alltag

Auch im Alltag sollten Sie Kontaktaufnahmen Ihres Hundes nicht unbeantwortet lassen. Wenn mal eine Kontaktaufnahme übersehen wird, ist das nicht bindungsschädigend. Häuft es sich jedoch, wird Ihr Hund kontaktsuchendes Verhalten früher oder später einstellen. Reagieren Sie jedoch regelmäßig auf die Kontaktaufnahmen, so wird Ihr Hund in den unterschiedlichsten Alltagssituationen immer wieder Ihre Nähe suchen. Dadurch festigt sich die Bindung zwischen Hund und Mensch.

Kurz zusammengefasst

Lernziel Hund: Er lernt eigenständige Kontaktaufnahmen als lohnenswert kennen.
Lernziel Mensch: Sie achten genau auf Ihren Hund und erkennen, wann er Kontakt zu Ihnen aufnimmt.

Aufbau der Übung:
– In der Nähe des Welpen aufhalten und ihn im Blick haben.
– Kontaktaufnahmen des Welpen beantworten, ihn jedoch nicht zu sehr in Beschlag nehmen.

Kommt er zwischendurch vorbei, freuen Sie sich, nehmen Sie kurz den Kontakt an …

… und lassen ihn dann aber sogleich wieder seine „Hundedinge" tun.

AUSDRUCKS-VERHALTEN UND SPIEL

HOCH, TIEF, LINKS, RECHTS

Der Hundeschwanz ist ein wichtiges und relativ leicht zu beobachtendes Ausdrucksmittel des Hundes.

Was uns der Schwanz verrät

Der Hundeschwanz – Ehrlich währt am längsten

Dass der Schwanz eines Hundes ein wichtiges Ausdrucksmittel ist, mit dem eine Menge verschiedener emotionaler wie auch funktionaler Zustände übermittelt werden, ist allgemein bekannt.

Rechts wedelnder Schwanz

Dass nicht jeder Hund, der mit dem Schwanz wedelt, auch freundlich gesonnen ist, sollte sich mittlerweile auch herumgesprochen haben. Trotzdem wird diese Fehleinschätzung, und zwar leider nicht nur von Laien, bisweilen noch vorgenommen. Wer wissen möchte, wie es im Hund während des Schwanzwedelns gerade aussieht, sollte unter anderem auf die bevorzugte Seite des Hundeschwanzes beim Wedeln achten. Ein Team aus italienischen Verhaltensbiolog*innen hat hierzu eine Reihe von gut gemachten, wenn auch einfach aufgebauten Versuchen durchgeführt (Siniscalchi et al. 2013, 2014; Quaranta et al. 2007). Hunde konnten z. B. mit einem Schwanzwedeln beantworten, wie sie einen ihnen präsentierten optischen Reiz bewerten. Hierbei zeigte sich deutlich, dass das Bild ihrer Bezugsperson oder auch eines unbekannten Menschen, ein Wedeln eher in Richtung nach rechts, ein unfreundlich-selbstsicher auftretender, unbekannter Hund dagegen ein Wedeln nach links auslöste. Auch wenn Hunde Videoaufnahmen von nach links wedelnden Artgenossen betrachteten, erhöhte sich ihr Herzschlag und die Häufigkeit von unsicher bis ängstlich wirkenden Verhaltensweisen wurde deutlicher, als wenn die Videoaufnahmen einen nach rechts wedelnden Hund zeigten.

Gemma nähert sich mit waagerecht getragenem Schwanz einer älteren Hündin an.

Als diese sich ihr zuwendet und die Distanz verringert, geht Gemmas Schwanz nach unten. Auch zieht sie ihren Kopf zurück und knickt leicht die Hinterbeine ein.

HOCH ODER TIEF

Unabhängig von der Richtung des Schwanzwedelns ist die Höhe der Schwanzhaltung normalerweise ein wichtiges Kommunikationssignal. Unter Wölfen oder auch Hunden mit „normaler" Schwanzstruktur kann, je höher der Schwanz getragen wird, in der Regel auf ein selbstbewussteres und sichereres Verhalten geschlossen werden. Hintergrund dabei ist unter anderem die in der verhaltensbiologischen Kommunikationsforschung sehr weit verbreitete und häufig bestätigte Handicap-Überlegung: Ein Verhaltenssignal, das den Sender teuer zu stehen kommen könnte, ist in der Regel ehrlich und wird selten gefälscht. Im Zusammenhang mit der Schwanzhaltung geht es hier vorwiegend um die sehr empfindliche Analregion, insbesondere die Drüsenregion links und rechts des Afters. Nur wer sich seiner Kampfkraft und seiner Wendigkeit hinreichend sicher ist, sollte z. B. in Kontakt mit einem unbekannten Artgenossen diese Region zum Beschnuppern einfach mal so eben freigeben. Die Gefahr, dass der andere einen dann in diese empfindliche Region beißt, ist doch im Zweifelsfall sehr groß. Nur wer bereit ist, dieses Risiko einzugehen und einigermaßen sicher ist, sich erfolgreich wehren zu können, wird den Schwanz so hoch tragen. Harrington & Asa (2003) führen aus, dass Wölfe in Begegnungen nur dann den Schwanz hoch tragen würden, wenn sie diese Souveränität haben. Hunde wären dazu viel häufiger bereit, auch ohne diese Gewissheit der Überlegenheit. Vermutlich liegt dies daran, dass das Risiko einer Verletzung geringer ist. So beschreiben Studien an sogenannten Streunerhunden, dass es bei Auseinandersetzungen mit unbekannten oder benachbarten Artgenossen sehr viel seltener zu Verletzungen kommt als es bei Wölfen der Fall ist (Bradshaw 2012).

Probleme durch anatomische Gegebenheiten

Problematisch wird das Ganze, wenn man entweder mit einem nicht ausreichend sozialisierten Artgenossen zusammentrifft oder wenn man durch Rassestandards gewissermaßen gezwungen ist, ständig Sicherheit auszustrahlen oder gar den „Stinkefinger" zu zeigen. Hunde, die aufgrund ihres Rassestandards ständig mit erhobenem Schwanz herumlaufen müssen, haben es in der Kommunikation mit Artgenossen oftmals schwer. Auch Halter*innen von anderen, in ähnlicher Weise durch den Rassestandard „gehandicapten" Rassen (z. B. Rhodesian Ridgeback, Mops) berichten, dass gut sozialisierte Angehörige dieser Rassen wesentlich häufiger mit Beschwichtigungsverhalten, Deeskalation und anderen eher positiv bis freundlich gestimmten Signalen auf ihre Artgenossen zugehen. Um zu verstehen, dass manche Artgenossen trotz ihres hoch erhobenen Schwanzes keine arroganten Schnösel, sondern durchaus kommunikations- und sozialmotivierte Artgenossen sind, ist eine der notwendigen Voraussetzungen, mit solchen Individuen auch in den sensiblen Phasen der Junghundentwicklung spielen und anderweitig frei kommunizieren zu können. Auch dies ist ein deutliches Plädoyer für gemischtrassige und möglichst auch mit Angehörigen unterschiedlicher Größenkategorien bestückte Welpen- und vor allem auch Junghundstunden.

Trägt ein Hund seinen Schwanz schon in der Grundstellung oben, muss vermehrt auf andere Ausdrucksmerkmale geachtet werden. Hier bei Louise verraten ihre nach hinten gestreckten Hinterbeine, dass sie sich nicht sicher ist, ob sie nicht besser den Rückzug antreten sollte.

1

2

1. Eine ganz leichte Tendenz nach oben ist bereits erkennbar.

2. Hier wird der Schwanz deutlich zur Kommunikation genutzt.

3. Zwei selbstsichere Hunde begegnen sich: Hanno (links) wendet höflich den Kopf und Blick ab.

BEOBACHTUNGSÜBUNG: HUNDESCHWANZ

Ziel der Übung: Der Schwanz als Ausdrucksmerkmal bei Hundebegegnungen wahrnehmen lernen, Deutungsversuche unternehmen.

Der Schwanz ist als Ausdrucksmerkmal beim Hund vergleichsweise einfach zu beobachten – zumindest gilt dies bei Hunden, deren Schwänze durch Züchtung oder Kupieren nicht zu sehr in ihrer Gestalt oder in ihrer Bewegung eingeschränkt sind. Den letztgenannten Hunden ist der Ausdruck und die Kommunikation über den Schwanz leider oft nur eingeschränkt möglich oder gar unmöglich und damit ist die Aussagekraft der Schwanzhaltung und -bewegung auch nur eingeschränkt zu interpretieren. Insgesamt gilt: Der Schwanz ist ein Ausdrucksmerkmal unter vielen. Die Interpretation von Verhalten oder innerem Zustand eines Hundes muss stets unter Einbezug möglichst vieler Ausdrucksmerkmale geschehen! Für die Beobachtung des Schwanzes Ihres Hundes müssen Sie zuerst feststellen, wie seine Grundstellung aussieht und wie es um die Beweglichkeit steht.

Grundstellung des Schwanzes

Die Grundstellung des Hundeschwanzes können Sie am besten ablesen, wenn Ihr Hund in einem entspannten Zustand herumsteht, sozusagen Leerlauf hat.

– hoch getragener oder über den Rücken gerollter Schwanz
– mehr oder weniger waagerecht getragener Schwanz
– tiefhängender oder zwischen den Beinen getragener Schwanz

Beweglichkeit des Schwanzes

Die Beweglichkeit des Schwanzes Ihres Hundes stellen Sie fest, in dem

3

Sie beobachten, wie stark der Schwanz von seiner Grundstellung abweichen kann. Dies sollten Sie in vielen verschiedenen Situationen beobachten, z. B. bei der Begrüßung oder wenn Ihr Hund etwas anderes sieht, was ihn freut.

- sehr beweglich
- teilweise beweglich
- kaum beweglich

Ist Ihrem Hund die Bewegung des Schwanzes kaum möglich, wissen Sie, dass Sie wirklich genau hinschauen müssen – bei ganz kurzen Schwänzen am besten auf den Schwanzansatz – und sich im Hinblick auf das Ausdrucksverhalten Ihres Hundes stärker auf andere Körperregionen, z. B. Ohren, Kopfhaltung, Blick oder die gesamte Körperspannung konzentrieren müssen. Mit einiger Übung ist aber auch bei kaum beweglichen Schwänzen einiges abzulesen.

Ort/Situation: Wenn Ihr Hund anderen Hunden begegnet.
Aufgabe 1: Wo befindet sich der Schwanz Ihres Hundes im Vergleich zur Grundstellung?
Aufgabe 2: Versuchen Sie mithilfe des Theorietextes ab Seite 55 und der Fotos die Haltung und Bewegung des Schwanzes zu interpretieren (weitere Beispiele finden Sie in Handelman, Hundeverhalten 2010). Passt Ihre Interpretation zum Gesamteindruck, den Ihr Hund in der jeweiligen Situation macht?

Rosie trägt ihren Schwanz angespannt oberhalb der Rückenlinie. Sie tritt hier mit Bestimmtheit auf. Rune trägt seinen Schwanz niedrig in wedelnder Bewegung. Zusammen mit seinem langgestreckten, eingeknickten Hinterbein ist die Vorsicht in der Annäherung gut sichtbar.

Spiel oder Ernst? Das ist hier die Frage

Zu den faszinierensten, aber auch problematischsten Themen im Bereich der Verhaltensentwicklung gehört sicher das Thema Spielverhalten. Wann wird gespielt und wann wird daraus Ernst? Welche Bedeutung hat Spiel?

In der Tat können nicht nur andere Tiere, sondern auch Kinder und laienhaft unbelastete Menschen sehr häufig und schnell erkennen, ob andere Lebewesen sich im Spiel befinden oder nicht. Umso erstaunlicher ist es, dass gerade unter Hundetrainer*innen und in deren sozialem und beruflichem Umfeld die Frage nach dem Vorhandensein oder gar der Sinnhaftigkeit von Spielverhalten unter Hunden immer wieder ernsthaft aufgeworfen wird. Spielverhalten ist, und darüber sind sich Verhaltensbiolog*innen und Entwicklungspsycholog*innen bei verschiedensten Tierarten einschließlich des Menschen weitgehend einig, eine dringend erforderliche Erscheinung, nicht nur in der frühen Kindheit. Hundeartige aber zeigen hier eine ganz besondere Verhaltenserscheinung, denn bei ihnen wird auch in freier Natur regelmäßig Spielverhalten unter Erwachsenen beschrieben. Selbst bei Menschenaffen und anderen sozial und intelligenzmäßig sehr hoch stehenden Säugetieren findet Spielverhalten in freier Natur meistens nur unter Beteiligung von Kindern und Jungtieren statt. Bei Hundeartigen dagegen ist es beispielsweise Bestandteil des Paarbildungs- und Paarbindungsrituals und wird regelmäßig z. B. im Zeitraum des sogenannten Voröstrus, also kurz vor der Empfängnisbereitschaft der weiblichen Tiere, sozusagen als zweite bis x-te erneute Verlobungszeit gezeigt.

PSEUDO- ODER ECHTES SPIEL?

Auf Hundewiesen und in anderen Begegnungssituationen unserer Hunde sehen wir sehr häufig Spielverhalten. Hier ist jedoch Vorsicht geboten. Gerade wenn wir diese Szenen zwischen einander unbekannten oder nur oberflächlich bekannten

Hanno (rechts) hat am Jagdspiel keinen Spaß mehr. Nach Initiierung eines Spielwechsels zeigt er wieder mehr Spielmimik.

Hunden sehen, ist eben nicht alles Spiel, was für uns Außenstehende als zwecklos und momentan unbegründet erscheint. Es finden beispielsweise Jagdszenen statt, bei denen einer der Beteiligten auf allgemeinen Beschluss hin zum Pseudohasen erklärt und dann ohne Rücksicht auf dessen eigene Gestimmtheiten kreuz und quer über die Wiese gescheucht wird. Gerade Hunde, die aufgrund von Bewegungsproblemen, allgemeiner Unsicherheit oder bestimmten rassetypischen Standards (kleinere Windhundrassen) oft mit gekrümmten Rücken oder in geduckter Haltung herumlaufen, eignen sich hier offensichtlich besonders. Eine Reihe von deutlich erkennbaren Merkmalen (siehe S. 66) lassen uns jedoch ganz klar das echte Spiel von solchen Pseudospielen oder gar Jagdszenen unterscheiden.
Ein wichtiges Kriterium dabei ist die Freiwilligkeit aller Beteiligten. Sobald es einem der Beteiligten keinen Spaß mehr macht und er oder sie aufhören möchte, von den anderen aber zum Weitermachen genötigt wird, ist es bereits kein Spiel mehr. Wir können uns hier als Rückzugsort anbieten (siehe S. 68) oder es auch aktiv überprüfen, indem wir unseren Hund aus einer solchen Situation kurz herausholen, begrüßen oder sonst wie eine kurze Interaktion mit ihm vollziehen und ihn oder sie dann wieder freigeben. Kehrt unser Hund zu den Kumpels zurück und beginnt vielleicht sogar mit spielauffordernden Verhaltensweisen eine Gruppenjagd zu initiieren, dann ist es offensichtlich freiwillig gewesen. Versucht er dagegen bei uns zu bleiben oder sich möglichst weit weg von den vorherigen Kumpels zu begeben, erscheint es eher unfreiwillig gewesen zu sein.

1

2

Spielsignale

Eine Reihe von Spielsignalen ist auch bei Hunden durch direkte Beobachtung ohne Videounterstützung erkennbar. Dazu gehört z. B. der als Schaukelpferdgang bezeichnete, übertrieben hoppelnde Bewegungsablauf, der U-förmig gekrümmte Schwanz („Henkelschwanz") oder die Spielaufforderung durch Spielverbeugung, die oft mit hohem, auffordernden Bellen verknüpft ist. Hunde werden auch bisweilen von ihren Kumpels erst zum Spielen aufgefordert, indem diese durch das genannte Spielbellen auf sich aufmerksam machen oder den aufzufordernden Hund anstupsen. Dies geschieht besonders dann, wenn der geplante Interaktionspartner gerade abgelenkt ist und die Kumpels nicht im zentralen Blickfeld hat.

Weitere Spielkriterien wären der Rollenwechsel im Spiel (wobei aber viele leichtfüßige Hunde so viel Spaß am spielerischen Davonrennen haben, dass sie gern bei der Hasenrolle bleiben), die freie Kombination verschiedener Funktionskreise (z. B. eine bunt gewürfelte Mischung aus Angriff, Jagd-, Sexual- und Sozialverhalten in einer Szene) und das Aufheben sozialer Konventionen: Wer im Spiel den/die Ranghöhere/n mal unterwirft, hat eben im Ernstbezug noch lange keine Revolutionsgedanken. Sich Letzteres vor Augen zu führen ist insofern besonders wichtig, da leider noch immer oft zu hören ist, dass der eigene Hund nie und auch nicht im Spiel „gewinnen" dürfe, da er sonst infolgedessen die Ranghoheit beanspruchen würde. Spiel und Wirklichkeit sind aber genauso verschiedene Dinge, wie Traum und Wirklichkeit und wer nachts träumt, eine Million auf dem Konto zu finden, wird ja auch am nächsten Morgen nicht gleich die Luxusyacht ordern …

Andere Spielsignale sind, zumindest für ungeübte Augen, besser mithilfe von Videoaufnahmen erkennbar. Hierzu gehören z. B. das Spielge-

sicht, die geöffnete Mundspalte mit V-förmig nach hinten zulaufendem Mundwinkel, der schnelle Blickwechsel oder eine Reihe von Positionen in Ohr- und Schwanzhaltung. Gerade der schnelle Blickwechsel ist ganz besonders wichtig, wenn man sich gegenseitig der immer noch anhaltenden Spiellaune versichern möchte. Und auch hier gibt es häufig eine Fehlinterpretation von Gesichtsausdrücken des Hundes durch Menschen. Nicht jede Szene, bei denen der Mensch, gar von vorne, das Weiße im Auge seines Hundes sieht, ist mit extremer Angst oder gar Panik verknüpft. Wenn zwei Hunde nebeneinander herrennen und beispielsweise dann noch durch spielerisches Beißen oder andere, potenziell auch eskalationsgefährdende Verhaltensweisen miteinander rangeln, versichert man sich schnell mal eben der gegenseitigen Spiellaune durch einen Seitenblick, der dann vom Menschen in Frontalansicht als Weißes im Hundeauge erkennbar bleibt.
Die in manchen Kreisen von Hundetrainer*innen und Hundemenschen sofort ausgesprochene Warnung, dieser Hund habe Panik und müsse unmittelbar aus der Situation befreit werden, ist dann eine echte Spaßbremse!

Funktionen des Spielverhaltens

In der Welpen- und Junghundzeit ist zunächst die Sozialisation, das Einüben und Einstudieren art- und auch zum Teil rassetypischer Kommunikation, der Umgang mit dem Entschuldigen nach eigenen Fehltritten oder schlichtweg das Kennenlernen des Reaktionsspektrums anderer Artgenossen an erster Stelle zu nennen. Wichtig sind Spielverhaltensweisen aber auch für die Entwicklung des Persönlichkeitsfaktors „Geselligkeit mit Artgenossen“. Hundewelpen, die im Alter von drei bis vier Monaten mit anderen, sowohl mit gleichaltrigen als auch mit älteren Babysittern, intensiv spielen können, zeigen später im Erwachsenenalter eine höhere Tendenz zur soziopositiven Grundeinstellung gegenüber Artgenossen (Bekoff 1977). Hunde, die in diesem Alter auch mit ihrem Menschen intensiv spielen, haben eine höhere Tendenz später ruhig, beherrscht und eben nicht hyperaktiv oder aufmerksamkeitsgestört zu werden (Hoppe et al. 2017).

1.–3. Wird ein Spiel einseitig und es gibt keinen Rollenwechsel, ist es meist zumindest für einen der beteiligten Hunde kein Spiel mehr, wie hier für die schwarze Labrador-Hündin Rosie.

3

Gerade im Zeitraum der Pubertät scheint, wie Untersuchungen an anderen Tierarten eindeutig belegen und bei Hunden zumindest anekdotisch auch beschrieben wird, die sexuelle Prägung durch Spiel mit gleich- oder ähnlich alten Kumpels und Kumpelinen vorangetrieben zu werden. Es müssen nicht mal unbedingt Sexualspiele sein, obwohl auch diese in diesem Zeitraum häufig vorkommen. Es muss daher extra betont werden, dass Hunde, die in diesem Zeitraum der Pubertät auch während des Spiels scheinbar Handlungen zeigen, die aus dem Funktionskreis des Fortpflanzungsverhaltens stammen (z. B. Aufreiten, Analbeschnuppern), alles andere als hypersexualisierte Monster sind. Auch hier kommt es eben auf die Freiwilligkeit aller Beteiligten an. Und wenn der- oder dieenige, der oder die in dieser sexuell erscheinenden Szene die weibliche Rolle einnimmt, dies ohne Zwang oder sogar ebenfalls mit spielerischem Gesichtsausdruck tut, dann ist hier keine sexuelle Nötigung oder sonstiger Grund zum Eingreifen durch den Menschen zu sehen.

Spiel ist kein Training!

Eine Untersuchung aus der Budapester Arbeitsgruppe zeigt, wie problematisch es ist, wenn Menschen mit dem Spielen mit ihrem Hund verborgene erzieherische oder trainerische Absichten verknüpfen (Horváth et al. 2008). Eine Vergleichsstudie zwischen Zoll- und Polizeibeamt*innen mit ihren Diensthunden ergab, dass diejenigen Hunde, deren Menschen in der Spielszene gleichzeitig erziehend oder trainierend mit den Hunden agierten und ihnen sozusagen etwas beibringen wollten, oftmals mit einem gesteigerten Stresshormonspiegel in der Spielsituation reagierten. Der Stresshormonspiegel von Hunden, deren Menschen dagegen mit lustigen, freudigen, hüpfenden Bewegungen, mit eigenen spielerischen Lautgebungen

Einladung zum Objektspiel

Spielerisches Abblocken

etc. ständig den Spielcharakter aufrechterhielten, sanken im Laufe der Spielszene oftmals sogar ab. Spiel und Ernst sollten also auch im Training und in der Erziehung voneinander getrennt werden.
Vorsicht geboten ist aber nicht nur bei Versuchen, Erziehung und Training in Spieleinheiten zu integrieren. Auch vieles andere, was Laien (und leider auch solche, die nicht zugeben, es zu sein) als Spielverhalten bezeichnen, ist eigentlich Training, Sport, Beschäftigung oder manchmal auch schlichter Unfug.

Spiel nach dem Lernen

Ein letzter, ebenfalls durch verschiedene Studien unterschiedlicher Arbeitsgruppen bestätigter Zusammenhang ergibt sich zwischen Spiel und vorangehenden oder nachfolgenden Lernsituationen (z. B. Affenzeller et al. 2020). Hunde, die nach einer Lern- und Trainingseinheit (es ging um das Erlernen neuer Bewegungsabläufe und das Verknüpfen mit neuen Wortkommandos) anschließend eine kurze, aber intensiv-temperamentvolle Spieleinheit geboten bekamen, hatten vor allem auf längere Sicht (die letzte Kontrolluntersuchung war ein Jahr nach der Trainingsstunde) einen wesentlich höheren Behaltens-Effekt, also einen tieferen Lernerfolg, als solche, die nach der Trainingsstunde andere Tätigkeiten mit ihrem Menschen (Spaziergänge, weitere Übungen oder Ähnliches) absolvierten. Auch das deckt sich übrigens mit Befunden aus der menschlichen Schulpädagogik, die aufzeigen, dass Kinder mit dem Spielen in der Pause den Gedächtnis- und Lernerfolg vorangehender Unterrichtsstunden deutlich verbessern konnten. Für genauere Zusammenhänge und Originalstudien siehe Gansloßer und Käufer (2017, 2022).

Die Kriterien der Freiwilligkeit, des Rollenwechsels, des Vermischens verschiedener Funktionsbereiche und die Begegnung auf Augenhöhe zwischen Mensch und Hund, sind wichtige Kriterien, um echtes Spiel von Pseudospielen zu unterscheiden.

1

2

3

1. Flynn (links) und Pepe (rechts) raufen miteinander.

2. Hoppelnde Bewegungsabläufe (Schaukelpferdgang) wie hier bei Flynn sind typisch im Spiel.

BEOBACHTUNGSÜBUNG: SPIEL ODER ERNST

Ziel der Übung: Wahrnehmen und beurteilen lernen, ob Hunde wirklich miteinander spielen oder es sich nicht (mehr) um ein Spiel handelt

Der Kontakt zu anderen Hunden sollte jedem Welpen ermöglicht werden. Häufig besteht dieser Kontakt – gerade unter Welpen – im sozialen Spiel. Dieses ist von großem Wert für die Entwicklung des Welpen (Näheres hierzu in Gansloßer und Käufer 2022). Doch woran lässt sich erkennen, ob Hunde wirklich miteinander spielen und nicht ein Hund nur von einem anderen bespielt wird oder z. B. ernsthaft und nicht mehr spielerisch gejagt wird? Hier gibt es eine große Anzahl an Merkmalen, die bei dieser Einschätzung helfen. Sie alle zu erkennen, ist eine wertvolle Kunst, die viel Übung erfordert.

Merkmale für Spiel:
– Spielgesicht
– Spielpartner suchen Nähe zueinander
– Spieleinladung, z. B. Spielverbeugung, Spielaufforderung durch Blick oder Laut
– wenig Körperspannung (z. B. Ohren und Lefzen flattern in der Gegend herum)
– übertriebene Bewegungen
– „Schaukelpferdgang"
– U-förmige Schwanzhaltung („Henkelschwanz")
– Rollenwechsel (z. B. beim Jagdspiel Wechsel von „Hase" und „Jäger")
– freie Kombination verschiedener Funktionskreise (z. B. Mischung aus Angriff-, Jagd-, Sexual- und Sozialverhalten)
– Selbsthandicap (z. B. Windhund läuft langsamer, damit Labrador überhaupt eine Chance hat, ihn zu „fangen")
– kurze Pausen während des Spiels
– alle beteiligten Hunde haben Spaß!

4

Merkmale für Nicht-Spiel/Ernst:
– langer direkter Blickkontakt oder Fixieren
– ein Hund versucht Abstand zum anderen zu erwirken
– es findet kein Rollenwechsel über längere Zeit statt
– angespannte, zielgerichtete Mimik
– angespannte, zielgerichtete Bewegungen; keine „überflüssigen" Bewegungen
– Verhalten der Hunde passt nicht zueinander, sie stimmen sich nicht aufeinander ab
– ein Hund macht nur unfreiwillig mit, wird am Aufhören oder Weggehen gehindert
– mindestens ein Hund hat keinen Spaß (mehr)!

Ort/Situation: Immer dann, wenn Ihr Hund mit mindestens einem anderen Hund spielt.
Was Sie brauchen: die Spielmerkmale und Nicht-Spielmerkmale der Listen; videofähiges Gerät

Aufgabe 1: Lassen Sie eine Spielszene Ihres Hundes mit einem anderen Hund von einer Person filmen. Filmen Sie nicht selbst, damit Ihre Aufmerksamkeit bei Ihrem Hund ist. Welche Spielmerkmale und welche Nicht-Spielmerkmale können Sie auf der Aufnahme bei Ihrem Hund erkennen?

Aufgabe 2: Beobachten Sie Ihren Hund genau, während er mit einem anderen Hund spielt. Welche Spielmerkmale und welche Nicht-Spielmerkmale können Sie bei Ihrem Hund erkennen?

Zusatz: Wenn Sie etwas Übung im Erkennen von Spielmerkmalen und Nicht-Spielmerkmalen gesammelt haben, können Sie Ihren Blick ausweiten und auch den/die Spielpartner/in Ihres Hundes beobachten. In der Zusammenschau aller beteiligten Hunde findet sich dann das vollständige Bild der jeweiligen Situation.

3. Übertriebene Mimik und Gestik als Spielmerkmal im Rennspiel.

4. Gerade in Renn- und Jagdspielen kann die Stimmung auch kippen. Hier wird Pepe dies im nächsten Moment durch einen Spielwechsel abwenden.

Aus dem sicheren Hafen heraus, lässt sich die Umwelt gut beobachten.

Ein wichtiges Merkmal einer stabilen Bindung ist der sogenannte Sichere Hafen (S. 23) – der Hund muss sich in potenziell gefährlichen Situationen auf seinen Menschen verlassen können. In solchen Situationen sollten Sie ruhig und souverän auftreten, denn durch Stimmungsübertragung vermitteln Sie Ihrem Hund, dass gerade keine Gefahr besteht und Sie alles im Griff haben.

PRAXISÜBUNG: ZU VIEL? ICH BIN DA!

Hintergrund der Übung

Bei der Übung „Zu viel? Ich bin da!" steht die Förderung von Bindung, aber auch Umweltsicherheit und Selbstvertrauen im Mittelpunkt. Ihr Hund lernt, dass er sich in Krisensituationen auf Sie verlassen und bei Ihnen Schutz suchen kann. Auch wenn Ihr Hund die Situation nicht eigenständig lösen kann, so erfährt er dennoch Selbstwirksamkeit, denn spätestens mit Ihrer Hilfe kann er seine Umwelt beeinflussen. Sie müssen Ihrem Welpen hierfür unterstützend zur Seite stehen und erkennen, wann er sich fürchtet oder Ihre Unterstützung benötigt. Damit hat auch diese Übung eine bindungsfördernde Komponente.

Vorbereitung der Übung

Für diese Übung ist keine Vorbereitung notwendig.

Durchführung der Übung

Bei Hundebegegnungen oder im Welpenkurs kann sich Ihr Welpe beim Spielen richtig austoben. Gerade bei Welpen ist allerdings die Fähigkeit zum Selbsthandikap und zur Impulskontrolle noch nicht so ausgeprägt wie bei älteren, erfahreneren Hunden (siehe „Und sie spielen doch!", Gansloßer & Kaufer 2022). Es kann also passieren, dass ein Hund im Spiel zu heftig agiert und Ihr Welpe daraufhin nicht mehr weiterspielen möchte. Genau in solchen Situationen sollten Sie für Ihren Welpen da sein und ihm die Möglichkeit geben, sich bei Ihnen zurückzuziehen. Hierzu hocken Sie sich in die Nähe Ihres spielenden oder erkundenden Welpen. Dabei haben Sie die Beine zu einem „V" geöffnet. Ihr Welpe kann also selbstständig Schutz zwischen Ihren Beinen suchen. Sie sollten wiederum andere Welpen oder Hunde davon abhalten, sich Ihrem Welpen in dieser Situation zu nähern. Sie können ihn mit positivem Körperkontakt (z. B. Streicheln) unterstützen, denn hierdurch wird das Bindungshormon Oxytocin ausgeschüttet. Dieses wirkt stressdämpfend, entspannend und steigert das Wohlbefinden (Gansloßer & Kitchenham 2012). Ihr Welpe sollte jedoch die Möglichkeit haben, seinen Rückzugsort eigenständig zu verlassen, weiterzuspielen oder zu erkunden.

Zu viel? Ich bin da! – im Alltag

Im Alltag sollten Sie Ihren Welpen genau beobachten und sich immer als Rückzugsort anbieten, zum einen, wenn der Welpe einen Rückzugsort sucht, aber auch wenn er in seiner Bedrängnis nicht darauf kommt, Sie um Hilfe zu bitten. Denkbar sind im Alltag viele Situationen, in denen Sie Ihrem Welpen unterstützend zur Seite stehen können: Neben dem wilden Spiel sind auch Geräusche, schnelle Bewegungen eines Menschen, Gegenstände oder auch nur Schatten potenzielle Quellen für Unsicherheiten. Sie müssen später nicht mehr in die Hocke gehen, denn wenn der „Rückzugsort" erst einmal generalisiert wurde, wird Ihr Welpe bei Ihnen Schutz suchen, unabhängig von Ihrer Position.

Kurz zusammengefasst

Lernziel Hund: Er kann sich in Krisensituationen auf Sie verlassen und bei Ihnen Schutz suchen.
Lernziel Mensch: Sie erkennen, wann Ihr Welpe Ihre Unterstützung benötigt.
Aufbau der Übung:
– in die Hocke gehen
– Welpen ggf. streicheln und beruhigen, ihm jedoch immer die Möglichkeit geben, den Rückzugsort eigenständig zu verlassen

Gemma hat selbstständig Schutz bei ihrer Bezugsperson gesucht. Diese signalisiert der heranlaufenden Hündin, dass sie auf Abstand bleiben soll.

KOGNITION UND WAHRNEHMUNG DER UMWELT

WISSEN ÜBER DIE WELT

Hunde erlangen ihr Wissen über die Welt auf ganz unterschiedlichen Wegen. Ein Aspekt, der sie auszeichnet, ist das hohe Maß an sozial gewonnenen Informationen.

Kognition – die besondere Nische

Was wissen Hunde eigentlich über die Welt? In den letzten Jahren hat eine ganze Reihe von Forschungsgruppen zu dieser Frage sehr interessante Antworten gefunden.

Unbestreitbar ist, dass unsere Hunde ausgesprochen sozial motivierte und sozial kompetente Lebewesen sind, die keineswegs immer nur nach einfachen Reiz-Reaktions-Regeln funktionieren. Eigentlich wissen wir Menschen das schon lange. Nur unter dem Einfluss bestimmter Denkrichtungen im Bereich des Hundetrainings wurden diese Kenntnisse zunehmend verschüttet. Gleichzeitig ist es ausgesprochen paradox, wie z. B. der britische Kollege John Bradshaw (2012) betont, dass die gleichen Leute, die den Hund mit einfachsten Dressur- und Konditionierungsmaßnahmen fast wie einen Regenwurm abrichten möchten, ihm eine geradezu macchiavellische Kompetenz zur Intrige zutrauen, wenn es z. B. darum geht, angeblich über den Menschen dominant werden zu wollen. Das Dominanzthema ist eine spezielle Thematik, die in ausführlicheren Darstellungen des Hundeverhaltens anderswo behandelt werden muss (Schilder & van der Borg 2015, Dopfer 2015).

Sozial motiviert und sozial kompetent

1

1. Tjure nähert sich bogenförmig immer weiter einer Tüte an, die sich bewegt.

2. Selbstständig erkundet er diese schließlich und erfährt den Grund für die Bewegung, der in der Tüte verborgen war. Durchschaut!

Uns interessiert an dieser Stelle eher, welche Informationen und welches Wissen der Hund über die Welt um sich herum nutzen kann. Die soziale Intelligenz der Hunde ist, wie viele Untersuchungen zeigen, sogar in manchen Bereichen der unserer nächsten Verwandten im Tierreich, z. B. der Schimpansen und anderen Menschenaffen, überlegen (siehe Kaminski & Marshall-Pescini 2014, Bräuer & Kaminski 2020). Während Schimpansen und auch andere Angehörige der Primatenverwandtschaft sehr wohl in der Lage sind, einfache physikalische Zusammenhänge (die Wirkung der Schwerkraft) in ihr Handeln einzubeziehen, versagen sie kläglich, wenn es darum geht, über Zeigegesten, Blickrichtungen oder andere Informationen eines Sozialpartners verstecktes Futter zu finden. Schimpansen gehen den Dingen gern kausal auf den Grund, Hunde dagegen nutzen soziale Informationen und soziale Netzwerke. Diese Konzepte sind keineswegs als unterschiedliche Intelligenzhöhe zu bewerten. Hunde haben eben in ihrem Alltag andere Probleme und die werden normalerweise besser durch soziale Kooperation gelöst. Schimpansen und andere Menschenaffen dagegen lösen ihre Probleme gewissermaßen mit einem naturwissenschaftlich-experimentellen Lösungsansatz, benutzen Werkzeuge etc. Diese Konzepte, nach denen die sogenannte Intelligenz (ein Begriff, der in der wissenschaftlichen Verhaltensbetrachtung eher verrufen ist) nicht ohne die für diese Tierart normalerweise herrschenden Umwelt- und Sozialbedingungen betrachtet werden kann, lassen dann auch die von verschiedenen Tierfreunden gern diskutierte Frage, ob Katzen, Hunde, Pferde oder gar Schweine die „intelligentesten" Tiere wären, ziemlich überflüssig erscheinen.

WAS VERSTEHT MAN UNTER KOGNITION?

Kognition ist zunächst ein Prozess, bei dem im Gehirn oder im Steuerungssystem eines Tieres innere Verknüpfungen und innere Repräsentationen, also gewissermaßen innere Bilder, aufgebaut und dann zur Ent-

2

scheidungsfindung herangezogen und miteinander verschaltet werden. Eine etwas engere Definition kognitiver Prozesse fordert, dass sie nur deklarative und nicht so sehr die prozeduralen Informations- und Gedächtnisinhalte betreffen sollten. Zu wissen, was ein Fahrrad ist, ist also Kognition, das Fahrradfahren als Bewegungsablauf aber nicht. Zu den wichtigsten Inhalten kognitiver Prozesse gehören auch Vorgänge, die die Aufmerksamkeit des Tieres und seine räumliche Orientierung, z. B. im vertrauten Lebensraum, steuern.

Höhere geistige Leistungen

Bevor wir aber unseren Hunden sogenannte höhere kognitive Leistungen zutrauen, müssen wir auch hier eine Vorsichtsmaßnahme anwenden, die im wissenschaftlichen Handeln immer gilt: Wenn es möglich ist, zuverlässig auszuschließen, dass ein Tier mit einer Testsituation bereits Erfahrung gehabt hat, dann muss ein Prozess der Problemlösung in dieser Situation auf kognitiven Mechanismen beruhen, auch wenn wir sie nicht direkt beobachten können. Denn unsere Hunde sind durchaus in der Lage, die Welt um sie herum nicht nur wahrzunehmen, sondern auch zu bewerten und aufgrund früherer Erfahrungen einzuschätzen. Wir müssen also zunächst ausschließen, dass der Hund durch frühere Erfahrungen, oder durch einfache Verhaltensleistungen (Lern- und Konditionierungsprozesse wären hier zu nennen) mit dem Problem klarkommt. Erst wenn das ausgeschlossen ist, können wir nicht nur, sondern müssen wir ihm dann auch höhere geistige Leistungen attestieren. Denn Hunde beurteilen ihre Umwelt auch mithilfe stammesgeschichtlich bereits vorhandener Lösungsansätze (kognitive Leistungen), sodass sozusagen innere Handlungsanweisungen für den Hund entstehen, auch wenn er selbst keine früheren eigenen Erfahrungen mit solch einer Situation gehabt hat. Beispielsweise kann die Furcht vor Kirschblütenduft bei Mäusen epigenetisch bis zur Enkelgeneration weitergegeben werden, auch wenn diese keine direkten negativen Erfahrungen im Zusammenhang mit dem Duft gemacht haben (Dias & Ressler, 2014).

Kognitionsmechanismen sind solche, mit denen Tiere Informationen aus der Umwelt erwerben, verarbeiten, speichern und dann auf der Basis dieser gespeicherten Informationen handeln. Sie schließen Reizaufnahme, Lernen, Gedächtnis und Entscheidungsfindung ein.

Von der Möglichkeit, die Umwelt zu beobachten, profitiert jeder Welpe.

Im Folgenden sind einige spannende Erkenntnisse zusammengefasst:

– Ein Hund, der in einem für ihn völlig unbekannten Gelände auf sehr verschlungenen Wegen zum Ziel geführt wurde und dann beim Rückweg auf direkter Luftlinie zum Ausgangspunkt zurückkehrt, muss eine sogenannte innere Landkarte mit sich herumtragen. Ein Beispiel dafür aus dem praktischen Alltag sind Blindenhunde, die mit ihrem Blinden im Kaufhaus von einem Wühltisch zum anderen gehen und dann auf das Signal „Such Aufzug“ in gerader, fast Luftlinie die nächste Lifttür finden.

– Auch der Blickwinkel des Gegenübers kann von Hunden durchaus für ihre eigenen Zwecke genutzt werden. Hunde, die mit einem Sozialpartner spielen möchten und bemerken, dass dieser gerade abgelenkt ist, fordern ihn durch Spielbellen, Anstupsen oder Vor-ihm-Herumtänzeln erst einmal zur Aufmerksamkeit auf, bevor sie eine konkrete Spieleinladung zeigen. Hunde, die merken, dass ihr Mensch gerade die Futterschüssel auf dem Tisch (z. B. hinter einem Vorhang oder in einem dunklen Teil des Raumes) nicht sehen kann, klauen viel hemmungsloser und sind viel zielgerichteter dabei als solche, die bemerken, dass ihr Mensch auch die Futterschüssel im Blick haben kann (vgl. Gansloßer & Krivy 2020).

– Auch Emotionen des Menschen können Hunde offensichtlich wahrnehmen und zwar akustisch (durch Weinen bzw. Lachen), geruchlich (z. B. durch Abbauprodukte der Stresshormone im Körpergeruch) oder optisch (durch Gesichtsausdrücke), vgl. Gansloßer & Kitchenham 2019.

– Die Fähigkeit, durch schnelle Verknüpfungsleistungen im Gehirn sprachliche Begriffe des Menschen auf Gegenstände oder Handlungen zu übertragen, wurde bereits von Juliane Kaminski (Kaminski & Marshall-Pescini 2014) angesprochen. Auch das gehört zum Bereich der Kognition.

Viele der Untersuchungen, die den hier angeführten Erkenntnissen zu Grunde liegen, lassen sich auch mit einfachen Methoden im Haushalt nachbauen. Fast immer benötigt man nur einen Satz verschiedener Haushaltsgegenstände (Schüsseln, Schlüsselbund, verschiedene Kleidungsstücke oder Spielzeuge des Hundes), um solche Testsituationen zu erproben (siehe Gansloßer & Krivy 2020).

STÄRKUNG DER ALLTAGSKOMPETENZ

Damit aus einem Welpen ein alltagskompetenter und zufriedener Hund wird, ist das Vorhandensein und die Stärkung kognitiver Prozesse ein wesentlicher Bestandteil. Wer in seiner Kindheits- und Jugendentwicklung erfahren durfte, dass man die Welt durchschauen, bewerten und daraus sinnvolle und erfolgversprechende Handlungsanweisungen für sich selbst ableiten kann, der wird auch später mit neuen, vielleicht auf den ersten Blick unübersichtlichen oder gar gruseligen Situationen besser klarkommen. Der Hund, der in seiner Jugendentwicklung Selbstwirksamkeit im Umgang mit der Umwelt und auch im Umgang mit seinem Menschen und anderen Sozialpartnern erfahren durfte, traut sich später einfach mehr zu. Wer dagegen immer nur im autoritär-despotischen Erziehungsstil als Befehlsempfänger*in durch den Alltag gelotst oder geschickt wurde, hat keine Erfahrung mit seinen eigenen Fähigkeiten machen dürfen und wird sich deshalb später auch nichts zutrauen. „Ratschläge sind auch Schläge“ war einmal ein Slogan in der Kindererziehung. Selbstverständlich müssen wir unserem Hund dort Lösungsmöglichkeiten aufzeigen, wo er selbst tatsächlich mangels Erfahrung oder einfach mangels Übersicht über die gegebenen Situationen nicht weiterkommt. Helikopter- oder Rasenmäher-Eltern sind aber für Hunde genauso wenig zielführend, wie für unsere eigenen zweibeinigen Nachkommen.

Beobachten ist eine Schlüsselkompetenz für erfolgreiches Verstehen und Lernen.

Früh übt sich, wer in unserer menschlichen Zivilisation gut zurechtkommen soll.

Ob man einem Kind, Hund oder anderen zu erziehenden Lebewesen aus Überfürsorglichkeit oder aus Bequemlichkeit alle eigenständigen Handlungen verbietet oder unterbindet, ist am Ende für die psychische und soziale Entwicklung des oder der Betreffenden wenig bedeutsam. Und noch etwas haben die modernen Untersuchungen zu diesem Thema immer wieder gezeigt: Hunde sind keine verdummten Couchwölfe. Sie sind nicht durch das Zusammenleben mit dem Menschen per se dümmer, weniger leistungsbereit oder bequemer geworden. Sie sind eine eigene Form des Lebens (ob es bereits eine eigene Art ist, können wir getrost der zoologischen Systematik überlassen), die eine völlig andere ökologische Nische haben als ihre Vorfahren, die Wölfe. Ihre ökologische Nische ist das Leben bei und mit dem Menschen. Und dafür besitzen sie eine Menge Voraussetzungen und Anpassungen, die sich eben auch von denen ihrer wilden Vorfahren unterscheiden. Wölfe sind nicht intelligenter, Hunde sind nicht dümmer. Wölfe sind weder weniger noch mehr aggressiv, sie haben eine andere ökologische Nische mit anderen Umweltanforderungen und anderen sozialen Gegebenheiten. Und dass unsere Hunde in unserer menschlichen Zivilisationsgesellschaft besser klarkommen als ihre wilden Vorfahren, das kann jeder bestätigen, der einmal einen der (völlig unnötigen!) Hybridwölfe, also Wolf-Hund-Mischlinge, oder ähnliche Kreuzungen zwischen Haushund und Wildcaniden erlebt hat.

„Wer sich die Zeit nimmt und die eigene Kreativität nutzt, um seinem Schützling die Welt nicht nur zu zeigen, sondern ihm beim selbstständigen Verstehen zu helfen, wird mit einem handlungsfähigen und sozialkompetenten Partner belohnt."

Wanderer zwischen den Welten

Der Hund ist ein Lebewesen, das sich in zwei Welten zurechtfindet. Die hier folgenden Beiträge und Forschungsauszüge von Kurt Kotrschal und Kate Kitchenham verdeutlichen diese Sonderstellung des Hundes.

Der Hund ist zum einen Angehöriger der zoologischen Familie der Hundeartigen, also ein Canide, und blickt auf eine millionenlange Stammesgeschichte (die ja auch nicht erst beim Wolf begann) zurück. Um viele Aspekte dieser Herkunft geht es in dem Text von Kurt Kotrschal. Zum anderen ist der Hund aber von zehntausenden Jahren des Lebens nahe dem Menschen und mit dem Menschen geprägt, hat seine Verhaltensstrategien dementsprechend stark angepasst und ist heute (teilweise als direkter Sozialpartner) in der vom Menschen gestalteten Lebenswelt tief verwurzelt. Hier fädelt Kate Kitchenham mit ihrem Text ein.
Nur wenn wir beide Seiten unserer Hunde berücksichtigen und akzeptieren, werden wir diesem besonderen Lebewesen gerecht. Und schauen wir einmal genau hin, sehen wir, dass es bei uns Menschen eigentlich ganz ähnlich aussieht. Wir gehören stammesgeschichtlich der gleichen zoologischen Familie wie Schimpansen, Gorillas und Co. an, haben aber kulturell einen eigenen Weg eingeschlagen. Einflüsse der Stammes- und Kulturgeschichte sind keine Gegensätze, sondern ergänzen einander. Wenn wir das verstehen, kommen wir übrigens auch im Verständnis unserer zweibeinigen Umgebung viel weiter!

Das Aussehen von Hund und Wolf unterscheidet sich teils ganz offensichtlich.

Wolfsforschung

Was Hunde besonders macht

Ein Beitrag von Kurt Kotrschal

Was Hunde unter allen Kumpantieren „besonders“ macht, ist einfach erklärt: Wölfe und unsere Jäger-und-Sammler-Vorfahren taten sich vor mehr als 35 000 Jahren zusammen – wahrscheinlich wegen ihrer großen ökologischen und sozialen Ähnlichkeit. In ihrem Wesenskern sind Menschen und Wölfe sozial komplexe „Kooperationstiere“. Entscheidend für das Zusammenfinden und -bleiben von Mensch und Wolf im Eurasien der Altsteinzeit war wahrscheinlich zudem, dass die damaligen Menschen eine animistische Spiritualität lebten und wie moderne Menschen immer noch, „biophil“ waren: Seit es Homo sapiens gibt, also seit etwa einer Million Jahre, und seit wir vor etwa 300 000 Jahren im Zusammenhang mit der Entwicklung der typisch menschlichen Symbolsprache zu reflektierenden, spirituellen und philosophierenden Wesen wurden, ist es Teil der menschlichen Natur, sich für Tiere und Natur zu interessieren (Kotrschal 2019, 2022).

Hunde im Einsatz an der Herde und bei der Jagd.

Hunde unterstützen mit ihrer Nase die Personensuche.

In vielfältigen Anpassungen an ein Leben mit unterschiedlichsten Menschen und Kulturen entstand mit Beginn der Sesshaftigkeit vor etwa 12 000 Jahren, aus einem einzigen Wolfstyp eine Vielfalt an Hunden. So wurden sie zu einer Art sozialer „Hybridwesen" zwischen Menschen und Wölfen, zu unserem Alter Ego. Seit 35 000 Jahren gibt es keine Ethnien ohne Hund; mit Ausnahme der australischen Ureinwohner, deren Vorfahren bereits vor 45 000 Jahren auf diesen entlegenen Kontinent gelangten. Als aber vor etwa erst 4 000 Jahren die Dingos folgten, veränderte das ziemlich dramatisch die Lebensweise und spirituelle Vorstellung dieser Menschen – ganz als hätte man auf die Ankunft eines „richtigen" Säugetier- und Kanidengefährten gewartet. Der Wolf wurde unter Nutzung des Vektors Mensch zu einem der evolutionär erfolgreichsten Säugetiere. Gemeinsam eroberten wir (allzu) gründlich die Erde, von den kontinental-äquatorialen Wüsten bis weit nördlich des Polarkreises. Gemeinsam verdrängten wir damit bis heute Wildnis und Wildtiere in einem Ausmaß, das dem großen Aussterben in Folge des Meteoriteneinschlags vor 66 Millionen Jahren gleichkommt. Heute machen über 95 % der terrestrischen Wirbeltiere die Menschen und ihre domestizierten Tiere aus. Dass Wildtiere und Wildnis bis auf mickrige Reste zurückgedrängt wurden, verursacht die gegenwärtige Biodiversitätskatastrophe und gefährdet auch unser eigenes Überleben. All das schafften wir gemeinsam mit den Hunden, dafür verantwortlich sind natürlich ausschließlich wir Menschen.

KOOPERATION MENSCH – HUND

Heute kooperieren Menschen und Hunde in vielen Bereichen: in klassischen wie Jagd, Krieg, Polizeiarbeit und im Beschützen von Herden vor ihren wildlebenden Artgenossen bzw. Vorfahren; eine Fülle neuerer Domänen der Zusammenarbeit beruhen meist auf dem hervorragenden Geruchssinn der Hunde. Sie finden Verschüttete, erschnüffeln Sprengstoff, illegale Drogen, Falschgeld, ertrunkene Menschen oder Krankheiten etc. Vor allem aber werden sie zu immer wichtigeren Sozialpartnern, die uns in allzu „interessanten" Zeiten emotional unterstützen.
Sie fördern auf diese Weise die emotionale, kognitive, körperliche und soziale Entwicklung von Kindern, stärken die Resilienz von Erwachsenen gegen psychische Störungen und schützen ältere Menschen vor der gefährlichen Altersdepression. Daher wurden Hunde auch zu den häufigsten und beliebtesten Tierpartnern in einer Fülle tiergestützter Aktivitäten, vor allem in Medizin und Pädagogik. Tatsächlich leben Hundehalter*innen im Schnitt ausgeglichener und gesünder als vergleichbare Menschen ohne Hund.

All diese Befunde deuten auf eine Anpassung der Menschen an ein Leben mit anderen Tieren, insbesondere mit Hunden, hin. Aus der langen gemeinsamen Geschichte von Mensch und Hund, aus ihrer wichtigen und vielfältigen Rolle als Partner, auch im Erhalten der mentalen und körperlichen Gesundheit, ist eigentlich ein generelles Menschenrecht auf Hundehaltung abzuleiten. Ein Leben in guter Beziehung zum Hund kann also Menschen im Sinne ihrer Natur und ihrer Grundbedürfnisse „erden". Das scheint besonders relevant zu sein im Zusammenhang mit dem beschleunigten, nicht immer im Einklang mit den öko-sozialen Grundbedürfnissen der Menschen stehenden Lebens in Städten. Folgerichtig werden daher mit der zunehmenden weltweiten Urbanisierung immer mehr Hunde gehalten. Damit hängt auch zusammen, dass heute etwa 70 % der einen Milliarde Hunde auf der Welt eher neben den Menschen in den ausufernden, nicht immer optimal organisierten Städten und ihren Peripherien leben – mehr als je zuvor. Wenig überraschend, denn immer mehr Menschen produzieren auch immer mehr Abfall als Nahrungsbasis für die rasch zunehmenden, halbwilden Hundepopulationen.

VERWANDTSCHAFT ZWISCHEN WOLF UND HUND

Hunde sind an das Leben mit Menschen angepasste, domestizierte, also genetisch veränderte Wölfe. Aber immer noch stammen mehr als 95 % ihrer Gene direkt von den Wölfen. Sollte sich also der verständliche, dennoch aber irrational-romantische Wunsch nach dem Leben mit einem zahmen Wolf

Viele Hunde passen sich an urbane Regionen an.

einstellen, dann entscheide man sich bitte im eigenen Interesse und dem des Tierpartners für einen jener Wölfe, die wir Hunde nennen, nicht aber für einen der leider heute modischen „high-content-Hybriden". Das endet meist nicht gut – in der Regel für den Vierbeiner. Heute wissen wir dank moderner genetischer Methoden genau Bescheid über die Verwandtschaft zwischen Wölfen und Hunden und zwischen den vielen Hundetypen und -rassen. Mutationen, welche die Anpassung der Hunde an das Leben mit Menschen verbesserten, geschahen vor allem in den Bereichen Verdauung und Gehirn. Wie die Menschen auch, sind die heutigen Hunde besser als noch vor 10 000 Jahren im Verdauen stärkehaltiger Nahrung. Und dass ein Hundegehirn kein Wolfshirn mehr ist, zeigt sich nicht nur darin, dass es kleiner wurde, sondern vor allem auch darin, dass Hundewelpen viel leichter mit Menschen sozialisieren als Wolfswelpen, und dass die meisten Hunde generell menschenfreundlich sind, bereit unabhängig von der Person zusammenzuarbeiten. Wölfe kooperieren gern und sehr fein abgestimmt mit ihren Rudelgenossen und auch mit Menschen, die sie als Welpen kennenlernten, lehnen Fremde aber meist sehr bestimmt ab.

Die Kooperationsbereitschaft der Hunde ist altes Wolfserbe.

UNTERSCHIEDE ZWISCHEN WOLF UND HUND

Diese Unterschiede zu Wölfen sind lange bekannt. Darüber hinaus gab es aber erstaunlicherweise bis vor etwa 15 Jahren selbst zwischen Wissenschaftlern große Differenzen zur Hundwerdung, vor allem zur Frage, was Hunde von Wölfen unterscheidet. Das ist ja nicht nur für das Zusammenleben bedeutend, diese Unterschiede reflektieren auch als Spiegel die menschengemachten Selektionsdrucke im Umgang mit Hunden über die letzten Jahrtausende. So meinen manche Kollegen, die Wölfe hätten sich von sich aus dem Menschen angeschlossen. Und weil Hunde – wie heute allgemein anerkannt – zunächst durch Selektion auf Zahmheit entstanden, schlossen andere Kollegen wiederum, dass Hunde zur netteren, kooperativeren Version der (ach so aggressiven) Wölfe wurden. Beides trifft nach heutigem Wissensstand nicht zu. Solche Hypothesen entstanden in der Regel auf theoretischer Basis, ohne direkte persönliche Erfahrung mit Wölfen.

Korrigiert und differenziert wurden die Domestikationshypothesen zur Hundwerdung im letzten Jahrzehnt vor allem auf Basis der Arbeit mit gleichartig aufgezogenen und gehaltenen Hunden am Wolfsforschungszentrum im österreichischen Ernstbrunn. In vielen Versuchen zu den spezifischen geistigen Leistungen von Wölfen und Hunden und zu deren Bereitschaft und Fähigkeit, artintern und mit Menschen zu kooperieren, entstand ein differenziertes Bild (Kotschal 2022, *www.wolfscience.at/de/wsc-forschung/*).

Klar zeigte sich, dass die Kooperationsbereitschaft der Hunde altes Wolfserbe ist, welches sie im Verlauf der Domestikation an Menschen anpassten. Umgekehrt kooperieren sozialisierte Wölfe exzellent mit „ihren" Menschen – wenn man sie respektvoll behandelt, sie nicht rumkommandiert, es aushält, dass sie dabei auch gern die Führung übernehmen. Das tun Hunde von sich aus kaum, sie vertrauen lieber auf die gute Führung durch Menschen.

Im Vergleich zu Wölfen kommen Hunde bereits mit einer wesentlich steileren Dominanzhierarchie im Kopf und mehr Respekt vor Autoritäten zur Welt. Das behindert zwar ihre Fähigkeit zur Zusammenarbeit mit anderen Hunden, macht sie aber zu alltagstauglichen Partnern für Menschen.

Hunde sind alltagstaugliche Partner für den Menschen.

Dazu trägt auch bei, dass sich Hunde weniger von unbekannten Objekten beeindrucken lassen als Wölfe. Hunde sind zudem viel weniger zielstrebig und hartnäckig im Verfolgen ihrer Absichten und wenn es darum geht, Probleme eigenständig zu lösen.
In gewisser Weise sind Hunde „kognitiv abgespeckte" Wölfe, die viel weniger gut durch Beobachten lernen und auf Ursache-Wirkung-Beziehungen schließen. Wölfe sind auch besser als Hunde, Mengen abzuschätzen und folgen besser als Hunde den Blicken ihrer Menschenpartner, um daraus ihre Schlüsse zu ziehen. Dagegen sind Wölfe in etwa gleich gut wie Hunde, menschliche Zeigegesten zu nutzen – sie entwickeln diese Fähigkeit nur langsamer. Auch weil bereits drei Monate alte Hundewelpen als Symptom ihrer hohen Lernbereitschaft von uns Menschen ständig ins Gesicht schauen. Bei Wolfswelpen entwickelt sich diese Aufmerksamkeit erst mit etwa 9 Monaten: in diesem Alter begleiten sie im Freiland auch die Erwachsenen beim Jagen und lernen dann viel von ihnen.
Hunde sind aber viel besser als Wölfe, ihre Impulse zu beherr-

schen und sich auf jene Aufgaben zu konzentrieren, die für Menschen wichtig sind. So kann man jeden wohlerzogenen Hund dazu bringen, liegenzubleiben wenn man sich entfernt. Auch Wölfe kann man hervorragend per Kommando oder Sichtzeichen ablegen, sie sind aber weg, sobald man sich nicht mehr auf sie konzentriert. Sowohl Hunde als auch sozialisierte Wölfe binden sich an Menschen, erstere in einer recht generellen Art, letztere spezifisch an ihre Aufzieher. Und Hunde sind bezüglich ihrer sozialen Intelligenz mit Menschen gar nicht „abgespeckt", ganz im Gegenteil (diesbezüglich fehlen aber noch weitgehend die Vergleichsdaten mit Wölfen): Sie reagieren sensibel auf ungerechte Behandlung, beobachten genau, wie kooperativ (oder eben nicht) Leute mit ihresgleichen umgehen und ziehen ihre Schlüsse daraus. Und sie können „tricksen", führen etwa Leute, die sie als unkooperativ kennenlernten, zu Behältern, die kein Futter oder Spielzeug enthalten. Und wie Josef Topál (Eötvös Universität Budapest) zeigte, können Hunde sehr gut durch Imitieren von Menschen lernen. Mit diesen „do-as-I-do" Experimenten konnte unter anderem nachgewiesen werden, dass Hunde ähnlich wie Menschen auf Basis mentaler Repräsentationen denken.

All das macht Hunde besonders im Vergleich zu anderen Kumpantieren und im Gegensatz zu zahmen Wölfen bestens geeignet, mit uns zu leben und zu arbeiten – nicht durch radikale Veränderungen im Vergleich zur Stammform, sondern durch eine Reihe eher kleiner Anpassungen – aber mit weitreichenden Konsequenzen. So sind auch Dackel oder Golden Retriever in ihrem Kern immer noch Wölfe, aber soweit an uns und unsere Zivilisationsumgebung angepasst, dass an ihre vielfältigen Qualitäten als Sozial- und Arbeitspartner kein anderes Kumpantier herankommt.

Über den Autor

Prof. i.R. Mag. Dr. Kurt M. Kotrschal leitete von 1990 bis 2018 die Konrad Lorenz Forschungsstelle für Ethologie in Grünau/Oberösterreich und ist Professor im Ruhestand am Department für Verhaltensbiologie der Universität Wien. Er ist Mitbegründer des Wolfsforschungszentrums in Ernstbrunn *(www.wolfscience.at)* und Sprecher der AG Wildtiere am Forum Wissenschaft und Umwelt. Er veröffentlichte mehr als 300 wissenschaftliche Beiträge in Fachzeitschriften, Buchbeiträge und Bücher, darunter Österreichs Wissenschaftsbuch des Jahres 2013.

Hunde denken ähnlich wie Menschen auf Basis mentaler Repräsentationen.

Verhaltensforschung

Wölfe sind kein gutes Vorbild!

Ein Beitrag von Kate Kitchenham

Natürlich sind Wölfe wunderbar, eine faszinierende Spezies. Nur als Blaupause für Hundeverhalten oder Ernährung sind sie leider nicht geeignet.
Als Roberto Bonanni vor zwanzig Jahren seine ersten detaillierte Studien an Straßenhundpopulationen aus Italien veröffentlichte, war er ein wenig beachteter, wissenschaftlicher Exot. Heute gilt der italienische Verhaltensbiologe als Vorreiter der Streunerforschung, denn viele Kolleginnen und Kollegen sind nach ihm auf die Müllkippen und Straßen Marokkos, Chiles oder Kanadas gezogen, um das Leben der Streunerhunde zu studieren. Warum? Weil Streuner Probleme machen – sie hinterlassen überall Kot, können Krankheiten verbreiten und sind sehr selten, aber manchmal gefährlich. Streunerstudien haben deshalb meistens zum Ziel, die potenzielle gesundheitliche Gefahr, die von diesen Tieren ausgeht, besser einschätzen zu können. Aber auch Wege zu finden, wie man mit ihnen leben kann – denn Maßnahmen zur Eindämmung der Populationen haben langfristig bislang wenig Erfolg gezeigt (vgl. Kitchenham 2019). Doch einen tollen Nebeneffekt gab es für uns Hundetrainer*innen, Hundehalter*innen oder Canidenexpert*innen: Und zwar nicht nur, dass die Studien zeigen konnten, dass von Streunern keine ernstzunehmenden Gefahren ausgehen.

Manch frei lebender Hund sucht den Kontakt zum Menschen.

LEBENSSTRATEGIEN DER STREUNER

Parallel dazu konnten spannende Daten zu ihrem Sozialleben, ihrer Ernährungsweise und ihrem Bewegungsradius gewonnen werden. Sie zeigen uns, wie Hunde überleben, die sich frei bewegen dürfen und ohne direkten Einfluss von uns Menschen leben. Die sich zwar in unserer Nähe aufhalten und sich von unseren Abfällen ernähren, aber in ihrer Beziehung zu uns sich in unterschiedlichen Graden von Abhängigkeiten befinden. Unterschiedliche Grade von Abhängigkeit bedeutet, dass es schlicht unmöglich ist, „Streuner" zu definieren – sie verhalten sich sehr unterschiedlich, je nachdem, wie eng sie mit uns zusammenleben. Die Beziehungsintensität zum Menschen bestimmt ihre Lebensweise. Deshalb gibt es unterschiedlichste Lebensformen von Straßenhunden, angefangen mit dem „Halbtagsstreuner", also dem freilaufenden Halter*innenhund, der abends mit seinem Menschen auf dem Sofa kuschelt, tagsüber aber machen darf, was er möchte (das Hundeparadies). Andere frei lebende Hunde haben Menschenfreunde und Menschenfeinde. Mit Ersteren interagieren sie liebevoll und werden täglich mit Futter versorgt, von den Anderen halten sie sich besser fern.

Andere bleiben unter sich.

In anderen Gegenden haben halter*innenlose Hunde das U-Bahnfahren oder Betteln an Supermärkten für sich entdeckt und durchwühlen nicht mehr (oder nicht mehr nur) die Mülltonnen in Hinterhöfen, sondern nutzen das Betteln, also aktive Herantreten an Menschen als Strategie, um Futter zu suchen (Sen Majumder et al. 2016). Wilde Hunde halten dagegen immer Abstand zu uns, meist, weil ihre Eltern das schon so gemacht haben. Nach ihnen kommen die verwilderten Hunde, die sofort verschwinden, sobald Menschen irgendwo am Horizont auftauchen. Es ist also überhaupt nicht möglich, Straßenhunde in eine homogene Gruppe einzuordnen. Man muss stattdessen immer die Gegebenheiten vor Ort betrachten, unter denen die Hunde leben und die uns ihr jeweiliges Verhalten erklären. Diese unterschiedliche Beziehungsintensität zum Menschen führt wiederum dazu, dass Hunde miteinander sehr unterschiedlich sozial interagieren. Verwilderte Hunde mit wenig Einfluss von Menschen fangen wieder damit an, in familiären Gruppen zu leben und gemeinschaftlich Jungtiere aufzuziehen (Paul & Bhadra 2018). Leben sie menschennah in touristischen Gebieten, dann wiederum gehen sie nur lose Verbindungen zu Artgenossen ein, weil sie sich lieber an ihren besten Menschenkumpels orientieren.

Straßenhunde können nicht in eine homogene Gruppe eingeordnet werden. Sie leben sehr unterschiedlich.

STREUNER ZWISCHEN WOLF UND MODERNEM RASSEHUND

Diese große soziale Flexibilität der Streuner führt dazu, dass sie für Canidenforscher*innen und uns Hundehalter*innen noch aus einem anderen Grund extrem interessant geworden sind. Streuner in ihren unterschiedlichsten Beziehungsformen zum Menschen bilden die Art des Zusammenlebens zwischen Hund und Mensch ab, wie sie wahrscheinlich über Jahrtausende hinweg ausgesehen hat. Also die lange Zeit, bevor Hunde auf unsere Sofas, in unsere Betten und vor allen Dingen Herzen einziehen durften. Um Hunde zu verstehen, wie sie sich verhalten und was ihnen im Leben wichtig ist, macht es deshalb sehr viel Sinn, Streuner zu studieren. Doch es sind nicht nur Verhaltensstudien an Streunern, die uns zeigen, wie die Vorfahren unserer Familienhunde gelebt haben und was wir von ihnen lernen könnten. Auch genetische Untersuchungen offenbaren, wie tief der Graben zwischen Wölfen und frei lebenden und Familienhunden mittlerweile geworden ist. Veränderungen, die sich im Aussehen, Verhalten und Ernährungsvorlieben zeigen, werden durch Gene verursacht, die sich im Zuge der Haustierwerdung, also im Zusammenleben mit uns, als vorteilhaft erwiesen haben.

UNTERSCHIEDE IM AUSSEHEN

Besonders betroffen von diesen Veränderungen sind Gene, die an der Regulation der embryonalen Entwicklung der Neuralleistenzellen beteiligt sind (Pendleton et al. 2018). Diese Neuralleistenzellen gehören zu einer Gruppe von Zellen, die im Körper unterschiedliche Gewebe aufbauen, z. B. Kopfknochenform, Ohrform, Zahnstellung, Fellfärbung, sowie Bereiche des Gehirns, die für emotionale Reaktionen auf Stress wichtige Funktionen übernehmen (Wilkins et al. 2014). Im Zuge der Domestikation gab es ziemlich sicher einige entscheidende, für Hunde vorteilhafte Mutationen in den Genen, die für die Ausbildung dieser Neuralleistenzellen zuständig sind. Dadurch konnten sich alle optischen Merkmale unserer Hunde ausbilden, die sie von Wölfen deutlich unterscheiden. Hunde sehen durch eine verkürzte Schnauze und eine veränderte Ohrenstellung oder -form „niedlich" aus, sie haben braune und weiße Flecken im Fell und manchmal einen lustigen Ringelschwanz. Alles Merkmale, die der Wolf für sein Leben unter Wölfen in der Wildnis nicht braucht.

VERÄNDERTE VERHALTENSWEISEN

Gekoppelt mit den „phänotypischen" Veränderungen traten veränderte Verhaltensweisen auf, die es Hunden ermöglichen, mithilfe von ein bisschen Erziehung mit uns zusammen von Köln nach München mit dem ICE zu fahren, Müllwagen nicht unheimlich zu finden oder ihre sehbehinderten Menschen sicher durch den Straßenverkehr zu lotsen (Wilkins et al. 2014). Hunde haben im Vergleich zu ihren wilden Vettern viel weniger Probleme mit neuen Situationen, Menschen oder Artgenossen und ziehen, vor die Wahl gestellt, uns als Bindungspartner ihren Artgenossen sogar vor (Gasci 2005). Sie sind durch diese von der Domestikation geförderten Wesenseigenschaften in der Lage, sich unseren sehr unterschiedlichen Lebensentwürfen anzupassen und entspannt an unserer Seite zu leben (wenn wir sie entsprechend fördern).

BINDUNGSHORMON OXYTOCIN

Eine von vielen Studien zur genetischen Veränderung hat sich dabei einen Botenstoff genauer angeschaut, der für das aufgeschlossene Wesen unserer Hunde mitverantwortlich ist: Oxytocin. Kodiert wird dieses „Bindungshormon" vom Oxytocin-Rezeptorgen, das besonders bei Hunderassen einen starken Polymorphismus, also eine Vielgestaltigkeit zeigt. Je größer diese Vielgestaltigkeit ist, könnte man grob übersetzen, desto offener und aufgeschlossener sind die entsprechenden Hunde. Ein genetischer Vergleich dieses Rezeptorgens zwischen 42 Wölfen, 42 indischen Streunerhunden und 700 Familienhunden konnte zeigen, dass es Unterschiede zwischen allen drei Gruppen gab, also auch zwischen den Hunderassen und Mischlingen und den über Generationen auf der Straße lebenden Artgenossen. Aber die größten Differenzen konnten zwischen Wölfen und den beiden Hundegruppen gefunden werden (Bence et al. 2017).

Auch die Ernährung kann nicht mehr mit der von Wölfen verglichen werden. Schuld haben wieder mal wir Menschen, denn als wir im Zuge der Sesshaftwerdung damit begonnen haben, Getreide anzubauen, hat es sich für Hunde als vorteilhaft erwiesen, wenn sie im Besitz eines bestimmten Gens waren, das sie zur Verdauung und Verwertung von Stärke und ihrer Zucker befähigt (Axelsson et al. 2013). Dieses „Amylase-Gen" findet sich mittlerweile ebenfalls in großer Vielgestaltigkeit in Hundepopulationen und führt damit die Diskussion, Hunde nur mit Fleisch artgerecht ernähren zu können, ad absurdum.

NICHT IMMER IN BEWEGUNG

Besondere Beachtung verdienen auch die Studien, die uns den eingeschränkten Bewegungsradius der Streunerpopulationen auf der Welt vor Augen führen, denn egal ob in Chile oder in Indien: Straßenhunde, die sich frei bewegen können, zeigen wenig Interesse daran, täglich zu joggen oder Menschen auf langen Radtouren zu begleiten. Sie bleiben bevorzugt in der Nähe ihres Kernreviers und kehren abends gern zum Sammelpunkt auf ihrem Rendevouzplatz zurück, um gemeinsam mit Kumpels oder Familienmitgliedern zu ruhen (Péreza 2018; Gerencsér 2013). Eigentlich verschlafen sie mehr als zwei Drittel des Tages und bewegen sich wenn, dann maximal im Trab, sehr selten im Galopp vorwärts. Kennzeichnend ist eher ein schlendernder bis sehr langsamer Gang von Punkt A nach Punkt B. Oder man nutzt gleich die Metro, wie die Streunerhunde Moskaus dies in den frühen 2000er Jahren taten, bis sie vom hundefeindlichen übereifrigen neuen Bürgermeister der Straße vertrieben wurden. Natürlich bewegt sich ein Siberian Husky gern viel, er ist ein Langstreckenläufer, gezüchtet zur

Ruhen ist eine Hauptbeschäftigung von frei lebenden Hunden.

Freude an der Bewegung in der Gruppe. Der Mops dagegen hat aus gesundheitlichen Gründen oft wenig Interesse daran, sich zu bewegen. Und auch ich liebe es, im Urlaub auf langen Wanderungen mit meinen Hunden die Gegend zu erkunden. Aber der Durchschnittshund braucht im Alltag nicht so viel Bewegung, wie häufig behauptet wird.

Die zwei Stunden Beschäftigung, die uns nahegelegt werden, sollten wir viel besser nutzen, um mit unseren Hunden durch die Natur oder um Häuserblöcke zu stromern. Und uns Zeit nehmen für Pausen und viel Gucken, um andere zu beobachten. Genau das lieben nämlich die Straßenhunde am allermeisten in ihrer Freizeit und es führt ziemlich wahrscheinlich dazu, dass sie so gelassen werden, wie sie sich den Forscher*innen im Alltag präsentierten.

Und damit ist ganz nebenbei die These widerlegt, es handele sich um eine Bande hochaggressiver, einzelgängerischer Individuen, die ständig miteinander in Beißereien verwickelt seien und eine Bedrohung für die Öffentlichkeit darstellten. All diese hier nur beispielhaft und kurz zusammengefassten Erkenntnisse der Streunerforschung machen uns deutlich, dass der Wolf leider nicht mehr zum Vorbild taugt, um für Erziehungs-, Haltungs- oder Ernährungsfragen für Hundehalter*innen herzuhalten. Viel sinnvoller ist es, Streuner als Blaupause zu nutzen, wenn wir Hundeverhalten verstehen oder nach pädagogischen Leitfiguren für die Erziehung unserer Hunde suchen.

Hunde, die fern des Menschen leben, schließen sich vermehrt zu Gruppen zusammen.

Über die Autorin

Kate Kitchenham hat Kulturanthropologie und Biologie mit dem Schwerpunkt Verhaltensforschung studiert und widmet sich seit 20 Jahren in vielen Fachartikeln, 10 wissenschaftlichen Hundebüchern der Mensch-Tier-Beziehung und aktuellen Erkenntnissen der Caniden-Forschung. Zudem arbeitet sie an TV-Projekten wie „Der Haustier-Check“ (ZDF), „Tierisch britisch“ (ZDF), „Tierisch beste Freunde“ (VOX), „Wenn keiner guckt – das geheime Leben unserer Katzen“ (VOX) und der wöchentlichen Sendung „Hund Katze Maus“ (VOX). Mehr Infos unter: *www.kitchenham.de*

Die berühmte Nase ist nicht alles!

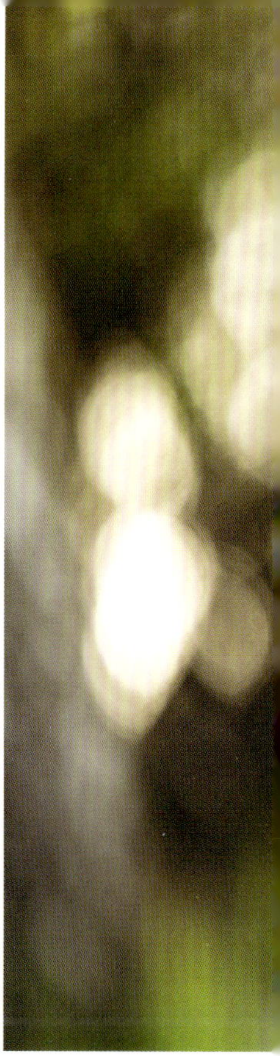

Der Hund geht nicht nur seiner Nase nach, sondern erlebt die Welt mit vielen Sinnen. Die Sinnesorgane werden vielfach im Zusammenhang mit für uns Menschen bisweilen schwer vorstellbaren Leistungen thematisiert.

In den gängigen Zusammenstellungen finden wir jedoch meist nur Angaben darüber, was und in welcher Intensität ein Sinnesorgan leisten kann. Mindestens ebenso wichtig aber, gerade im Zusammenhang mit unserem Buch, ist die Frage der weitergehenden Verarbeitung der eingehenden Reize. Letztlich ist auch die Information, die die Sinnesorgane erbringen, erst durch Verarbeitung, Verschaltung und Bewertung im Gehirn und den anderen Bereichen der zentralen Verhaltenssteuerung von Bedeutung. Bei den meisten Sinnesorganen geht es zunächst einmal bei der Frage der Bewertung um zwei wichtige Bestandteile, nämlich die Objekterkennung (was?) und die Objektlokalisation (wo?). In mindestens einem Teil der Sinnesorgane, z. B. beim Geruch, ist auch noch die Frage „wie viel?“, also die Bestimmung der Menge des erkannten Reizes von Bedeutung.

Gerade im Zusammenhang mit dem Geruch werden diese Entscheidungen durch frühjugendliche entwicklungsbiologische Prozesse u. U. lebenslang vorgebahnt und vorbereitet. Hundewelpen, die in ihrer frühen Jugend mit einer Vielzahl von Geruchsreizen aufwachsen konnten, haben gerade für das „wie viel?“, also für die Mengenerkennung, und auch für das „was?“, also für die Objektunterscheidung, später erhebliche Vorteile gezeigt (Gadbois & Reeve 2014).

ALLES IM BLICK

Es hat sich leider eingebürgert, den Sehsinn der Hunde, angesichts der zugegebenermaßen überragend guten Geruchsleistungen, zu vernachlässigen. Dass Hunde sehr wohl einen gut entwickelten Sehsinn haben, erkennen wir nicht zuletzt an der fein differenzierten Mimik und dem vielfältigen Ausdrucksverhalten über Körperhaltun-

Hunde nutzen wie wir verschiedene Sinnesorgane. Doch wie werden die Informationen verarbeitet?

gen, Schwanzbewegungen, Fellsträuben etc. Hunde sehen also durchaus gut, sie sehen aber anders als wir Menschen. Dies betrifft zum einen ihre Farbsehfähigkeit.

Farbensehen

Hunde sehen im Blaubereich ganz besonders trennscharf und ganz besonders lichtempfindlich. Dies ist sicher ein Erbe ihrer beutegreifenden Vorfahren. In der Nacht sind eben alle Katzen grau und in der Dämmerung sind alle Hirsche, Wildschweine etc. blau. Die „blaue Stunde" heißt nicht deshalb so, weil sich Menschen zu dieser Zeit bei Afterworkpartys dem Alkoholkonsum hingeben, sondern weil aus physikalischen Gründen kurz vor dem endgültigen Dunkelwerden und morgens kurz vor dem endgültigen Hellwerden blaues Licht besonders gut auf die Erde treffen kann und dementsprechend die Blaubereiche besonders wichtig werden. Um zu verstehen, wie sich die Farbsehfähigkeit eines Hundes von der unserer Affenverwandtschaft unterscheidet, können Sie einmal einen Blaufilter über ein aufgenommenes Video legen. Es ist erstaunlich, wie z. B. ein im grünen Parka gekleideter Mensch vor dem Hintergrund weitestgehend verschwindet, eine blaue Mülltonne oder eine blaue Abdeckplane dagegen regelrecht ins Auge springen. Wir können diese Erkenntnis nutzen, indem wir beispielsweise einem Hund das Apportieren mithilfe von blauen Gegenständen beibringen. Soll er dann später andere Sinnesorgane als die Augen für die Sucharbeit nutzen, sollten wir grüne Gegenstände einsetzen. Hunde haben nämlich kaum Grün-Sehfähigkeit. Grüne Gegenstände verschmelzen also, vor allem vor einer grünen Wiese, zu einem eher farblosen Einheitsbrei.

Hunde nehmen feinste
Bewegungen wahr, wie hier Teddy.

Bewegungssehen

Der zweite große Unterschied zu unserem Sehvermögen liegt im betonten Bewegungssehen. Während stillstehende, unbewegte Gegenstände für Hunde ebenfalls sehr schnell aus dem Wahrnehmungssystem ausgeblendet werden und mit dem Hintergrund zu verschmelzen drohen, werden selbst feinste und leichte Bewegungen sehr schnell wahrgenommen. Hunde sehen im Vergleich zu uns Menschen mit einer leichten Zeitdehnung. Wir Menschen nehmen circa 25 Bilder pro Sekunde wahr. Eine alte Stummfilmaufnahme von z. B. Buster Keaton erscheint uns sprunghaft und ruckartig, weil damals aus technischen Gründen noch mit 16 Bildern pro Sekunde gedreht werden musste. Erst die Steigerung der Filmgeschwindigkeit auf 18 oder später eben 25 Bilder pro Sekunde ermöglicht uns, auf den Filmen fließende, gleitende und glatte Bewegungen wahrzunehmen. Für einen Hund dagegen sind die modernen Filme wohl noch mit den alten Buster Keaton Filmen unserer frühen Filmgeschichte vergleichbar. Erst bei circa 40 bis 50 Bildern pro Sekunde kann der Hund fließende Bewegungen wahrnehmen.

Kurz- und langschnauzige Hunde

Eine rassetypische Differenz der Sehfähigkeit des Hundes darf nicht vergessen werden: Während kurzschnauzige Hunde vielfach auch im Bereich des schärfsten Sehens ähnliche Eigenschaften aufweisen wie wir Menschen (sie haben einen Ort des schärfsten Sehens auf der Netzhaut, der unserem gelben Fleck entspricht), ist bei lang- und schmalschnauzigen Hunden dieser Bereich des schärfsten Sehens als Streifen waagerecht über die gesamte Netzhaut angeordnet (siehe auch S. 36). Ein schmalschnauziger Hund sieht also auch im Augenwinkel noch genauso scharf, wie er ein Objekt scharf sehen kann, das sich direkt vor seiner Nasenspitze befindet. Ein kurzschnauziger Hund dagegen muss den Kopf drehen, um scharf zu sehen. Gerade in Zusammenhang mit dem Erkennen und gegebenenfalls auch Beantworten der Blickkontakte zwischen Hund und Mensch (siehe S. 38) müssen wir uns dieser Tatsache bewusst sein.

Im Auge des Betrachters

Übrigens ist es nicht bedeutungslos, von welcher Seite Ihr Hund Sie betrachtet. Die Informationen aus dem linken Auge werden bekanntermaßen über die sogenannte Sehnervkreuzung vorwiegend zur Verarbeitung in die rechte Gehirnhälfte geleitet, jene aus dem rechten Auge dagegen in die linke Gehirnhälfte. Nun sind zwar die Informationen aus beiden Augen, um ein räumlich-dreidimensionales Sehvermögen zu ermöglichen, durchaus auch teilweise in der jeweils anderen Gehirnhälfte verschaltet. Der Schwerpunkt liegt jedoch eindeutig auf dieser Sehnervkreuzung. Und da die rechte Gehirnhälfte eher mit stärker emotional belegten Denk- und Handlungsprozessen, die linke dagegen eher mit Routinemeldungen befasst ist, haben wir ein durchaus unterschiedliches emotionales Bewertungssystem für diese beiden Seheingänge. Eine Untersuchung an Sporthunden im Turnier zeigte dementsprechend, dass Hunde, die beim Agility auf der rechten Seite des Menschen liefen, anders reagierten also solche, die auf der linken Seite des Menschen liefen (Siniscalchi et al. 2013). Ein Hund, der auf der rechten Seite des Menschen läuft, nimmt diesen mit dem linken Auge wahr und leitet die Informationen überwiegend in die rechte Gehirnhälfte. So kann er sehr schnell und auch ohne große geistige Denkprozesse auf die Bewegungen des Menschen reagieren. Ein Hund, der den Menschen mit dem rechten Auge sieht (er läuft links), leitet die Informationen hauptsächlich in die linke Gehirnhälfte weiter, deren Verarbeitungssystem mit eher langweiligen Routinemeldungen befasst ist. Es ist zwar mittlerweile, um die Diskriminierung von linkshändisch agierenden Menschen zu vermeiden, nicht mehr Vorschrift, bei Hundeprüfungen, im Hundesport oder ähnlichen Aktivitäten den Hund unbedingt auf der linken Seite des Menschen zu führen. Und das aus gutem Grund: Wenn wir ihn schnell und feinfühlig mit Körperbewegungen oder anderen subtilen Signalen führen möchten, ist es nämlich sinnvoller, den Hund rechts zu führen. Für den Alltag ist eine geübte Zweiseitigkeit allerdings äußerst praktisch. So kann der eigene Hund in jeder Situation, z. B. in angeleinten Hundebegegnungen auf der passenden Körperseite geführt werden. Trotzdem ist es hilfreich, wenn wir uns bewusst sind, dass sie je nach Seite unterschiedlich schnell auf uns reagieren. Die Unterschiede zwischen der Sehfähigkeit unserer Hunde und unserer eigenen Sehfähigkeit lassen deutlich werden, wie wichtig es bei der Bewertung von Sinnesleistungen und sinnesverarbeitenden Prozessen ist, nicht aus unserer menschlichen Perspektive zu denken und zu handeln. Wer mit einem anderen, noch dazu so hochkomplexen Lebewesen wie dem Hund zu tun hat, tut gut daran, auch immer die Perspektive dieses Lebewesens schon auf der untersten Ebene der Sinnesleistungen und der Sinneswahrnehmung mit zu berücksichtigen.

Im Alltag profitieren Mensch und Hund von einer geübten Zweiseitigkeit in vielen Situationen.

Beim Hören unbekannter Geräusche kann häufig beobachtet werden, dass Hunde den Kopf schräg ankippen.

ORTEN VON GERÄUSCHEN

Das Gehör des Hundes ist im Allgemeinen für seine Leistungsfähigkeit bekannt. Insbesondere geht es dabei meist um die Fähigkeit, sehr hohe Töne wahrzunehmen. In diesem Zusammenhang dürfen wir nicht vergessen, dass gerade in unserer Zivilisationsumgebung sehr viele technische oder andere menschengemachte Quellen für hohe Töne verbreitet sind. Nicht nur das Piepsen von Mikrowellen oder von auf Standby geschalteten Computern oder Phonogeräten wäre hier zu nennen, auch elektrische Zahnbürsten senden im Obertonbereich Schwingungen aus, die durchaus im Bereich des Hörspektrums unserer Hunde liegen. Wenn wir dann noch einen Hund einer Rasse haben, die durch ihre frühere Arbeitsweise auf besonders gute Hörfähigkeit im Obertonbereich selektiert wurde, kann dies leicht in einer engen Wohnung zu schwerwiegenden akustischen Belastungen führen. Zu diesen Rassen gehören unter anderem Australian Shepherd, Collie oder Border Collie. Angehörige solcher Rassen wurden früher von ihren Schäfern durch sehr differenzierte Pfiffe über große Entfernungen hinweg dirigiert und besitzen dementsprechend im Obertonbereich ein wahrscheinlich nochmal besseres Hörvermögen als andere Hunderassen. Im Gegensatz zu dem, was wir beim ersten Hinsehen erwarten würden, ist übrigens die Hörfähigkeit von schlappohrigen Hunden kaum von der eines spitzohrigen Hundes unterscheidbar. Wichtig sind nämlich nicht nur die stehenden oder hängenden Ohren, sondern vor allem die vielen (bis zu 17) Muskeln, mit denen die Ohrmuschel sehr fein ausgerichtet werden kann. Hinzu kommen die Hautfalten, Hautlappen und andere hervortretenden Strukturen, die das äußere Ohr und den äußeren Gehörgang der Hunde scheinbar versperren und blockieren, in Wirklichkeit aber für ein ganz besonders differenziertes Reflexionsmuster auftreffender Schallquellen sorgen. Aufgrund dieser Strukturen ist beispielsweise auch ein Hund, der einohrig ertaubt ist, immer noch zum Richtungshören befähigt.

Richtungshören

Richtungshören und die Fähigkeit, ganz besonders feine Unterschiede in den Tonfrequenzen wahrzunehmen, ermöglichen Hunden dann auch das genaue räumliche Zuordnen einer Geräuschquelle, d. h., sie haben nicht nur eine Vorstellung von der Entfernung des Geräuschs, sondern auch von der Lage im Raum. Die Meinungen darüber, ob Hunde dabei besser oder „nur“ gleich gut wie wir Menschen sind, sind aufgrund fehlender Massenuntersuchungen noch nicht eindeutig zu bewerten. Schlechter als wir Menschen sind sie aber offensichtlich nicht, wenn es z. B. darum geht, zwei nahe beieinanderliegende Geräuschquellen zu unterscheiden (Rauth-Widmann 2014).

Ein Wort noch zu einigen Risiken des Hörsystems bei Hunden bestimmter Rassen und Felltypen: Aufgrund eines entwicklungsbiologischen und elektrophysiologischen Zusammenhangs ist das dunkle Pigment, als Melanin benannt, auch für die Funktionsfähigkeit von Sinnes- und Nervenzellen wichtig. Manche Fellfarbvarianten auf genetischer Basis, z. B. das Merle-Gen oder das Scheckungsgen, das für die Weißfärbung von vielen Hunderassen verantwortlich ist, reduzieren den Melaningehalt nicht nur in Haaren und Hautzellen, sondern auch in Sinnes- und Nervenzellen. Deshalb sind Hunde mit einem weißen Ohr häufiger von Taubheit betroffen als Hunde mit dunkel gefärbten Ohren und dunkel gefärbtem Gehörgang. Merle-Gen-Träger haben offensichtlich ein erhöhtes Risiko. Die Verpaarung von zwei Merle-Gen-Trägern unterliegt dem Qualzuchtverbot, weil das Risiko von sogar mehrfach behinderten Welpen ganz besonders groß ist.
Ein letzter, nicht mit der Hörfähigkeit, sondern wiederum mit der Entwicklungsbiologie zusammenhängender Fakt ist noch bemerkenswert: Schlappohrige Hunde tendieren dazu, etwas freundlicher und zurückhaltender zu sein, spitzohrige Hunde dagegen gelten nicht ganz zu Unrecht als etwas forsch, bisweilen auch etwas aggressionsbereiter. Dies hat aber nur indirekt mit der Ohrform zu tun, es geht vielmehr auf eine gemeinsame embryonale Anlage des Bindegewebes rund um die Ohrmuschel und der Hormonsysteme zurück (Wilkins et al. 2014; Sommerfeld-Stur 2016).

Die Hörfähigkeit von spitzohrigen Hunden ist mit der schlappohriger Hunde nahezu vergleichbar. Viel entscheidender als Steh- oder Schlappohren sind die bis zu 17 Muskeln im Ohr.

DIE WELT DER GERÜCHE

Die Qualität der Hundenase für die Wahrnehmung von Gerüchen wird von uns Menschen in vielen Zusammenhängen, sei es bei Suchhunden, Assistenzhunden, auf der Jagd oder in anderen Zusammenhängen immer wieder gern angeführt. Die Fähigkeit, äußerst unterschiedliche Duftzusammensetzungen zu differenzieren und dies auch in sehr geringen Konzentrationen, wurde vielfach beschrieben (z. B. Rauth-Widmann 2014). Bemerkenswerter dagegen sind vielleicht einige Befunde, die nicht so bekannt sind und eher mit verhaltensbiologischen Aspekten zu tun haben. Wie wir bereits kennengelernt haben, ist auch das Gehirn unserer Hunde mit einer Links-Rechts-Aufgabenteilung ausgestattet. Im Gegensatz zu den Informationen aus den Augen (siehe S. 94), werden die Informationen aus den Nasenlöchern jeweils auf die gleiche Körperseite weitergeleitet. Da etwa im Gegensatz zu uns, die Informationen aus den Riechschleimhautbereichen der beiden Nasenlöcher überwiegend getrennt voneinander in ihre jeweilige Hirnhälfte geleitet werden, können Hunde also z. B. stereoriechen oder eben auch die Richtung einer Duftfährte sehr schnell erkennen und ihr entsprechend in die korrekte Richtung folgen. Genauso wichtig ist aber, dass sie die Bewertung der Duftreize mit den bereits uns bekannten unterschiedlichen emotionalen Systemen durchführen. Gerüche, die aus dem rechten Nasenloch überwiegend in die rechte Gehirnhälfte transportiert werden, erregen meist emotional stärker. Gerüche aus dem linken Nasenloch werden in die linke Gehirnhälfte geleitet und dort als eher langweilige Routinemeldungen verarbeitet. Hunde nutzen das. Nicht nur der Duft eines für sie interessanten Artgenossen, einer läufigen Hündin oder eines sonstigen sozial oder sexuell interessanten Lebewesens werden vorwiegend mit dem rechten Nasenloch wahrgenommen. Auch zum Beschnuppern des Achselschweißes des behandelnden Tierarztes haben Tierheimhunde in einer italienischen Studie (Siniscalchi & Quaranta 2014) überwiegend das rechte Nasenloch benutzt. Auch wenn ein Hund auf eine dann doch als langweilige Routinemeldung abzuhandelnde Duftspur zunächst mit dem rechten Nasenloch trifft, wechselt er sehr schnell durch leichte Verschiebung der Kopfrichtung auf das linke. Beobachten Sie also, mit welchem Nasenloch Ihr Hund wie lange an einer Duftquelle schnuppert, dann können Sie bereits ahnen, wie stark er emotional an der Verarbeitung dieses Duftreizes beteiligt ist.

Das geruchliche Untersuchen von Duftmarken ist in den meisten Situationen sozial und nicht sexuell motiviert.

Duftmarken

Das Schnüffeln an Urin- oder anderen Duftmarkierungen wird Hunden nach wie vor häufig durch ihren Menschen untersagt. Viele glauben immer noch, dass das Schnüffeln an Duftmarkierungen, speziell an Urinmarkierungen, viel mit dem Sexualverhalten und dem Kastrationszustand zu tun hätte. Auch hier ist allerdings Vorsicht geboten. Die meisten Duftmarken, die ein Hund mit der Nase untersucht, interessieren ihn zunächst einmal sozial und nur wenige haben

Ragnar folgt hier konzentriert einer Geruchsspur.

offensichtlich primär fortpflanzungsbiologische Informationen (nämlich die von sexuell intakten entgegengesetzt geschlechtlichen Hunden). Oft wird zudem angenommen, dass sogenannte dominante – und gemeint sind damit statussichere und souveräne Hunde – mehr markieren würden als rangtiefe. Dies ist jedoch nicht zutreffend, wie z. B. die Untersuchung der amerikanischen Studentinnen Lisberg und Snowdon (2009, 2011) zeigt und auch an den sogenannten Toskana-Streunerhunden von Valeska Stöhr (2012) nachgewiesen wurde. Souveräne, statussichere Hunde zeigen erstens eine sehr stabile, aufgerichtete Körperhaltung mit erhobenem Schwanz und schnuppern andererseits nur ganz kurz, geradezu flüchtig an der Duftmarke eines fremden Artgenossen. Unsichere, eher als rangtief einzuschätzende Hunde dagegen schnuppern lang und intensiv und ihre Körper- und Schwanzhaltung weisen dabei auch eher auf Unsicherheit oder sogar symbolisch unterwürfiges Verhalten hin. In der Toskana-Gruppe fielen die besonders ranghohen Hunde zudem weder durch übermäßig häufiges Urinmarkieren, noch durch übermäßig oftmaliges Scharren auf. Dies war eher bei den Rangmittleren festzustellen. Beobachten Sie also nicht nur, mit welchem Nasenloch Ihr Hund an eine Duftmarke geht, sondern auch, welche Körper- und vor allem Schwanzhaltung er dabei zeigt und wie lange er schnuppert! Unser kleiner Ausflug in die Sinneswelt unserer Hunde hat uns vor allem eines gezeigt: Hunde nehmen ihre Umwelt anders wahr als wir Menschen und es ist leider ein häufig aus Gedankenlosigkeit oder Informationsmangel entstandener Effekt einer unbewussten Vermenschlichung, wenn wir dies in die Einschätzung der Ursachen hundlichen Verhaltens nicht einfließen lassen. Je mehr wir uns darüber bewusst werden, wie die Umweltreize auf unsere Hunde treffen und welche Reaktionen sie hervorrufen können, desto besser verstehen wir unsere Hunde und desto mehr kann unser Hund sich auch auf uns als Sozialpartner*in und Kumpan*in verlassen.

1

Sehen, was der Hund sieht, bedeutet erst einmal zu merken, dass er etwas sieht.

BEOBACHTUNGSÜBUNG: UMWELTWAHRNEHMUNG

Ziel der Übung: Die Welt mit der Nase, den Augen und den Ohren Ihres Hundes wahrnehmen lernen

„So soll es sein!", spricht der Dschinn und gibt Ihnen für einen ganzen Tag die Fähigkeit, die Welt durch die Augen Ihres Hundes zu sehen, sie durch die Nase Ihres Hundes zu riechen und mit den Ohren Ihres Hundes zu hören. Das wird spannend. Und es ist wichtig. Denn je besser erst einmal Ihr Eindruck davon ist, wie Ihr Hund die Welt um sich herum wahrnimmt, wo er mit der Nase hängenbleibt, auf welche Geräusche er reagiert und worauf sich seine Augen richten, desto leichter wird es Ihnen fallen, die damit einhergehenden Emotionen, Vorlieben und Abneigungen Ihres Hundes zu erkennen. Empfindet er den Geruch als attraktiv oder ekelig? Ist das Geräusch interessant oder furchteinflößend? Findet er das, was er sieht, anziehend oder möchte er die Distanz vergrößern?

Auf dieser Grundlage wird Ihre Kommunikation passgenauer und Ihre Reaktionen auf das Verhalten Ihres Hundes angemessener. Sie werden z. B. im Kopf haben, dass Ihr Hund der Aufforderung zum Hinsetzen, obwohl er dies schon kann und stets verlässlich tut, nicht nachkommen kann, weil genau an dieser Stelle ein anderer Hund Urin abgesetzt haben könnte und werden es an einer anderen Stelle versuchen. Und vermutlich werden Sie erst gar keine Stellen zum Absitzen auswählen, die prädestiniert für Markierungen sind, da Sie beobachtet haben, dass Ihr Hund stets an Laternenpfählen, die an einer Ecke stehen, mit der Nase hängen bleibt. Auch werden Sie z. B. besser erkennen, wann es Sinn macht, Ihren Rückruf zu setzen (siehe S. 110) oder wann Ihr Hund aufgrund einer geruchlichen Attraktion „blind" und „taub" ist.

Die Beobachtungsaufgaben

Ort/Situation: Je einen Tag für Aufgabe 2a), 2b) und 2c) einplanen. Sie können an dem Tag an allen Orten und in allen Situationen beobachten. (Achtung: Bei Welpen sollte nicht zu viel Neues an einem Tag stattfinden!)

Aufgabe 1: Lesen Sie noch einmal den Theorietext „Die berühmte Nase ist nicht alles".

Aufgabe 2:

a) Beobachten Sie einen Tag lang, was den Blick Ihres Hundes auf sich zieht und wann er den Blick gezielt abwendet. (→ 1)

b) Beobachten Sie einen Tag lang, auf welche Geräusche Ihr Hund reagiert. Welche Geräusche findet Ihr Hund interessant, welche vielleicht eher abschreckend? (→ 2)

c) Beobachten Sie einen Tag lang, woran Ihr Hund riecht, wie lange er daran riecht und wenn Sie einen ganz scharfen Blick haben, welches Nasenloch er besonders dabei einsetzt. (→ 3)

2

3

Wie erleben unsere Hunde die Welt? Je genauer wir darüber Bescheid wissen, desto besser verstehen wir unsere Hunde.

Belohnen – aber richtig!

Weithin wird „Belohnung" mit der Gabe von Leckerli gleichgesetzt – völlig unabhängig davon, ob die Gabe von Leckerli gutgeheißen oder verdammt wird.

Dieser Gedanke beruht auf dem althergebrachten, aber inzwischen weitgehend überholten Gedankengut der rein behavioristischen Konditionierungslehre. Im Gegensatz zu den als möglichst sterilen, vom Menschen unabhängig und damit scheinbar verallgemeinerbaren Laborexperimenten geplanten Konditionierungsversuchen, die z. B. an Ratten und Tauben durchgeführt werden, ist das Ziel im Umgang mit unserem Hund eine auf den Bezugsmenschen ausgerichtete emotionale Beziehung. Alles, was wir in Ausbildung, Training und vor allem in der Erziehung tun, sollte unterstützen, diese Beziehung aufzubauen.

Es geht nicht darum, mithilfe von möglichst standardisierten Laborversuchen allgemeine Gesetzmäßigkeiten des Lernens und der Verhaltenssteuerung zu erkennen und zu erforschen.

Es geht darum, mit einem vierbeinigen Kumpan eine möglichst emotionale, stabile und damit auch alltagstaugliche und umgebungsfeste Beziehung, möglichst sogar eine gute und gesicherte Bindung aufzubauen. **Aus diesem Grund sollte im Zusammenhang mit der Belohnung oder Bestätigung gezeigter Verhaltensweisen die soziale Komponente im Fokus stehen.**

Hierunter fallen unter anderem liebe und bestätigende Worte, angenehmer Körperkontakt, gemeinsames echtes Sozialspiel oder gemeinsames Rennen.

Leckerlis, die Gabe eines Spielzeuges und andere nicht-soziale Belohnungen oder Bestätigungen sind Beiwerk und sollten auch als solche behandelt werden. Dass Leckerlis durchaus praktisch sind und funktionieren, weiß vermutlich jeder, der mit einem futtermotivierten Hund zusammenlebt. Gleiches gilt gegebenenfalls für Spielzeuge oder Ähnliches. Dass Hunden aber die soziale Seite von Belohnung und Bestätigung viel oder sogar mehr bedeutet, wissen nicht so viele.

Gemeinsames Spielen ist für viele Hunde eine hochwertige Belohnung.

WISSENSCHAFTLICHE VERSUCHE

In der Wissenschaft wurde aber genau das bereits mehrfach nachgewiesen.
Ein beachtenswertes Ergebnis zeigt eine Untersuchung der Arbeitsgruppe um Gregory Berns an der Emory Universität in Atlanta (Cook et al. 2016), die mithilfe von Hunden zustande kam, die sich entspannt in einen Magnetresonanztomographen (MRT) legen. Diese Hunde können, während sie ruhig in einem MRT liegen, mit unterschiedlichen Umweltreizen konfrontiert werden. Sichtbar wird dann, in welchen Gehirnregionen ganz besonders viel Stoffwechsel stattfindet und damit auch die vorwiegenden neuronalen Verarbeitungsprozesse. Man kann dem Gehirn der Hunde sozusagen beim Arbeiten zusehen. Und nun wird es interessant: Über das Zeigen zweier verschiedener Objekte wurde den Hunden entweder verbales Lob durch die Bezugsperson oder ein Stück Hot Dog (ohne die Anwesenheit eines Menschen) angekündigt. Bei einem dritten Objekt passierte in Folge nichts. Unterschiedliche Versuche zeigten dann, dass es wie beim Menschen einen neuronalen Mechanismus für Präferenz gibt. Die Präferenz (also ob verbales Lob oder Futterbelohnung) bleibt dabei bei ein und demselben Hund stabil, ist aber zwischen Individuen durchaus variabel. In den meisten Fällen reagierten die Hunde stärker, wenn ihnen die menschliche Zuwendung angekündigt wurde. Nur wenige Hunde zeigten größere Begeisterung bei der Ankündigung des Leckerlis.

Belohnungsformen wie bestätigende Worte, angenehmer Körperkontakt, echtes gemeinsames Sozialspiel sollten das Herzstück von Erziehung, aber auch von Training oder Ausbildung unserer Hunde sein.

Leckerlis können eine Motivationssteigerung bewirken.

Eine weitere spannende Untersuchung stammt aus Indien von der Arbeitsgruppe um Anindita Bhadra mit sogenannten Straßenhunden (Bhattacharjee et al. 2017). In einem ersten Versuch wurde Hunden ein Stück Futter angeboten – entweder auf dem Boden liegend oder aus der Hand eines ihnen unbekannten Menschen. Wie erwartet, entschied sich die Mehrzahl der Hunde für das auf dem Boden liegende Stück Futter, doch diese Mehrheit war nicht so ausgeprägt wie gedacht. Über ein Drittel (!) der Hunde wählten das Futter aus der Hand des ihnen unbekannten Menschen. In einem Folgeversuch wurden mehrere Hunde knapp zwei Wochen lang und insgesamt sechs Mal zusätzlich entweder mit einem weiteren Stück Futter bedacht oder mit einer kurzen Streicheleinheit. Es zeigte sich, dass die Hunde, die gestreichelt wurden, sich in Folge den Versuchspersonen bereitwilliger näherten und eher bereit waren, Futter aus der Hand zu nehmen. Daraus wurde geschlussfolgert, dass soziale Zuwendung effektiver für den Aufbau von Vertrauen ist als Futter.

Interessant sind im Zusammenhang mit der hundlichen Wahrnehmung von sozialer Zuwendung auch verschiedene Untersuchungen der Arbeitsgruppe um Ádám Miklósi, die wiederum mit MRT-trainierten Hunden gemacht wurden (z. B. Andics et al. 2016). Es wurde gezeigt, dass Hunde im Gehirn an verschiedenen Stellen reagieren, wenn sie von Menschen gesprochene Worte wahrnehmen. Sowohl im Bereich der emotionalen Wahrnehmung als auch im Bereich der Großhirnrinde finden sich Zentren, die denen des Menschen zumindest lagemäßig und durch ihre anatomischen Verknüpfungen sehr ähnlich sind. Wird nun mit lobender Stimme (also mit positiver Emotion) und mit inhaltlich stimmigen Worten (z. B. „Gut gemacht! Toller Hund!") auf den Hund eingesprochen, dann reagieren beide Teile des Gehirns – das emotionale Zentrum und das Worterkennungszentrum in der Großhirnrinde. Wird hingegen mit möglichst emotionsloser bis roboterhafter Stimme das Lob ausgesprochen, reagiert nur das Worterkennungszentrum. Und wird mit freundlicher, emotional positiv getönter Stimme Unfug erzählt („Rhabarber! Kühlschranktür!"), dann reagiert eben nur das emotionale Zentrum und das Worterkennungszentrum bleibt stumm.

Wann sind Leckerlis sinnvoll?

Leckerlis wie auch das Lieblingsspielzeug oder andere nicht-soziale Belohnungen sind trotzdem nicht per se abzulehnen. Sie stellen für viele Hunde eine Motivationssteigerung dar und haben gerade anfangs bei Aufgaben, die eine spezielle Aufmerksamkeitslenkung brauchen oder die dem Hund nicht besonders viel Spaß machen oder ihm schwerfallen, durchaus ihre Berechtigung. So wie auch ein Kind, wenn es z. B. den langen Wocheneinkauf entspannt mitmacht, nicht nur ein liebevolles und freudiges „Ich freu mich richtig! Das hat echt super geklappt! Jetzt haben wir wieder viele gute Dinge zu essen" erhalten kann, sondern auch ein Lolli an der Kasse sicher im Hinblick auf den nächsten Einkauf eher nutzt als schadet – gerade, wenn das Kind eigentlich überhaupt keine Lust hatte, sondern lieber weiter im Garten gespielt hätte. In solchen Situationen wird das „Leckerli" dann nicht primär als Konditionierer eingesetzt, sondern im wahrsten Sinne des Wortes als Belohnung.
Bei der Gabe von Leckerlis sollte jedoch immer darauf geachtet werden, dass der „Lecker-Level" eine angemessene Qualität hat. Denn gerade bei qualitativ besonders hochwertigen Belohnungen (getestet mit Futterbelohnung, aber aus Erfahrungsberichten auch durch besonders temperamentvolle, als „Partyfeiern" bezeichnete soziale Belohnung) kann bei Hunden eine extrem starke Erwartungshaltung hervorgerufen werden. Dies kann sich verstärkend auf die Entstehung von Stereotypien und anderen Verhaltensstörungen auswirken (Ijichi et al. 2013). Mit Sicherheit aber ist es hinderlich fürs Lernen. Denn ein Hund, der nur auf das zu ergatternde Leckerli fixiert ist, bekommt gar nicht mehr mit, was er eigentlich gerade tut. Das Leckerli sollte also der Lernsituation angemessen gewählt werden – und das ist beim Rückruf (S. 110) z. B. eine andere als bei „Lass mich mal schauen" (S. 158). Auch der Persönlichkeitstyp sollte berücksichtigt werden: Bei ohnehin temperamentvollen, eher extravertierten Hunden sollte insgesamt besser mit ruhiger, entschleunigender sozialer Belohnung und wenn unbedingt nötig mit trockenen Brotrinden, Stückchen von Kauknochen oder ggf. der Futtertube belohnt werden, um die Kau- und Lecktätigkeit anzuregen. Denn diese erhöhen den Spiegel von Serotonin, das auch als Stimmungsausgleicher bezeichnet wird. Bei eher schwerfälligen oder ängstlichen Hunden oder den schon angesprochenen bedächtigen Bedenkenträgern kann durch ein wildes Spiel, schnelles Rennen oder auch ein wirklich leckeres Leckerli als Belohnung das Eis gebrochen und der Weg für ein erfolgreiches Lernen freigemacht werden.

Hunde können aus der Verknüpfung von Emotion und Wortbedeutung eine für sie wichtige Schlussfolgerung besser ziehen, als wenn man nur Emotion oder Wortbedeutung nutzt.

Tierernährung

Ernährung von Welpen

Ein Beitrag von Jürgen Zentek

Die Ernährung von Welpen legt das Fundament für eine gesunde Entwicklung. Jenseits aller oft auch emotionalen Betrachtungen ist wichtig, dass über die Fütterung eine bedarfsgerechte Versorgung mit Energie und Nährstoffen gewährleistet werden muss. Ob man dieses mit selbst hergestelltem Futter, mit Rohfütterung, gekochtem Futter oder mit Fertigfutter gewährleistet, ist letztendlich den eigenen Möglichkeiten und Vorlieben überlassen. Das allerdings nur in dem Rahmen, der die Ernährungsbiologie und den Bedarf des Hundes beachtet. Die wissenschaftlichen Erkenntnisse zur richtigen Ernährung junger Hunde basieren auf einer Vielzahl von Studien, die sich beispielsweise mit Fragen der Bedarfsermittlung und der optimalen Ernährung zur Unterstützung der gesunden Entwicklung von Hunden befassen.

ANPASSUNG AN DIE MENSCHLICHE ERNÄHRUNG

Zunehmend wird klar, dass die Domestikation einen deutlichen Einfluss auf Verdauungsfunktionen und den Stoffwechsel des Hundes genommen hat. Der Hund hat sich an bestimmte Ernährungsweisen durch sein Zusammenleben mit dem Menschen adaptiert und unterscheidet sich in vielen Aspekten sehr deutlich vom Stammvater, dem Wolf. So können Hunde stärkereiche Nahrung verwerten, während die Aktivität der entsprechenden Enzyme beim Wolf nur geringgradig ausgeprägt ist. Neben dieser allgemeinen Adaptation an die Nahrung bestehen Besonderheiten zwischen unseren Hunderassen. Sie unterscheiden sich hinsichtlich ihrer Ansprüche und Dispositionen und Empfindlichkeiten.

WACHSTUM, EINE HEIKLE ZEIT

In der überwiegenden Mehrzahl werden unsere Hunde heute sehr gut mit allen notwendigen Nährstoffen versorgt. Allerdings treten in der Wachstumsphase gar nicht mal selten Fehler auf, insbesondere durch zu reichliche Fütterung. Dadurch kann es zu einer Beschleunigung des Wachstums kommen, was insbesondere bei großen Rassen die Entwicklung des Knochengerüsts und der Gelenke negativ beeinflussen kann.

Weiterhin stellt die Versorgung mit Kalzium und Phosphor eine zentrale Anforderung an eine optimale Ernährung dar. Sowohl ein Mangel als auch ein Überschuss kann nachteilig auf den jungen Hund einwirken. Andere Ernährungsfehler treten eher selten auf, sie sind oft auch nur schwer zu erkennen, können aber langfristig gravierende Auswirkungen haben.
Im Interesse des Tierschutzes und einer optimalen Gesundheit sollte die Fütterung die wesentlichen wissenschaftlichen Erkenntnisse berücksichtigen. Wir stellen immer wieder fest, dass hier aufgrund falscher Empfehlungen oder Informationen Probleme auftreten. Ernährungsberatung sollte zum Gesundheitsvorsorgeprogramm bei Welpen gehören. Tierärztinnen und Tierärzte können z. B. bei den routinemäßigen Impfterminen sachkundige Auskunft geben. Darüber hinaus kann man das vorhandene qualifizierte Beratungsangebot, z. B. über praktizierende Tierärztinnen und Tierärzte, die sich für das Fachgebiet Tierernährung und Diätetik spezialisiert haben, nutzen. Vorbeugen ist besser als heilen! Probleme, die durch eine falsche Ernährung in der Wachstumsphase ausgelöst werden, bleiben in der Regel lebenslang bestehen und verursachen unnötiges Leiden des Hundes.

Die richtige Ernährung lässt sich auf verschiedene Weise herstellen.

Über den Autor
Prof. Dr. med. vet. Jürgen Zentek ist Fachtierarzt für Tierernährung und Diätetik und ist geschäftsführender Direktor des Instituts für Tierernährung an der Freien Universität Berlin. Das besondere Interesse gilt der Prävention von Erkrankungen und der Gesunderhaltung von Haustieren. Themenbereiche, die in der Forschung bearbeitet werden, sind insbesondere Ernährungseinflüsse auf die Verdauungsfunktion sowie auf die intestinale Mikrobiota (Darmflora) und ihren Stoffwechsel. In diesem Zusammenhang werden zahlreiche Themen, z. B. die Bedeutung von Ballaststoffen sowie die Eignung von alternativen Eiweißquellen in der Ernährung von Hunden in der Forschung bearbeitet. Viele Informationen rund um die Ernährung des Hundes finden sich in seinem Buch „Hunde richtig füttern“.

BEOBACHTUNGSÜBUNG: BELOHNUNG

Ziel der Übung: Unterschiedliche Arten von Belohnung kennenlernen und die Vorlieben des eigenen Hundes entdecken

Wie wir gelernt haben, sollte die soziale Komponente stets im Zentrum von Erziehung stehen (siehe S. 102). Grundsätzlich ist eine Belohnung für Ihren Hund all das, was Ihr Hund als belohnend empfindet. Die Bandbreite möglicher Belohnungen ist dabei groß und vielleicht stoßen Sie bei Ihrem Hund auf noch andere Belohnungsmöglichkeiten als die folgende Liste anbietet:

– liebe, bestätigende Worte (in unterschiedlicher Intensität) (→ 1)
– Streicheln, Kraulen etc. (→ 1)
– Leckerli (unterschiedlicher Qualität in puncto Schmackhaftigkeit)
– Spielzeug (→ 2)
– Beschäftigung, z. B. etwas versteckt bekommen, es zu suchen und zu finden
– Spiel, z. B. sich gegenseitig jagen oder miteinander balgen
– gemeinsames Rennen (bei lauffreudigen Hunden beliebt) (→ 3)

Die Vorlieben unserer Hunde sind dabei unterschiedlich. Nicht jeder Hund empfindet jede der angeführten Belohnungen als eine solche – zumal, wenn wir noch mit einbeziehen, dass je nach Situation, Belohnungen als solche empfunden werden oder eben auch gerade nicht. Ein Beispiel für Letzteres ist das Streicheln. Wenn mein Hund eine Aufgabe hochkonzentriert zu lösen versucht und ich ihm mitteilen möchte, dass er es gut macht oder auch mein Hund auf meinen Rückruf hin zwar zu mir kommt, aber eigentlich mit der Aufmerksamkeit ganz woanders ist, wird er Streicheln eher nicht als belohnend, sondern vielmehr als störend empfinden. Wenn ich aber beispielsweise zu Hause mit meinem Hund übe, dass er auf seinem Platz wartet, während ich mir etwas zu trinken aus der Küche hole, wird er Streicheln ziemlich wahrscheinlich als Belohnung empfinden – zumindest dann, wenn er Streicheln generell genießen kann. Einige Hunde müssen dies auch erst lernen und der „Kuschelfaktor“ unserer Hunde ist grundsätzlich unterschiedlich.

1. Liebevolle Worte und Streicheln als Belohnung

1

2

3

2. Spielzeug als Belohnung

3. Gemeinsames Rennen als Belohung

Mit dieser Beobachtungsübung können Sie herausfinden, was Ihr Hund in welcher Situation als belohnend empfindet. Achten Sie darauf, ob Ihr Hund mehr von der Belohnung möchte, eventuell versucht, der Belohnung auszuweichen (z. B. durch Kopf-Zurückziehen beim Streicheln) oder den Eindruck auf Sie macht, als verstünde er, dass Sie ihm eine Freude machen wollen und sich auch wirklich freut.

Ort/Situation: Einüben eines Signals (z. B. den Rückruf, S. 110) und an der Leine an einem anderen Hund vorbeigehen (siehe S. 168)

Aufgabe 1: Probieren Sie in den beiden genannten Situationen unterschiedliche Belohnungen aus (immer nur eine auf einmal!) und beurteilen Sie, welche Belohnung(en) Ihr Hund in der jeweiligen Situation als wirklich belohnend empfindet oder welche ihm vielleicht egal ist oder er gar als störend abtut. Das verbale soziale Lob – also liebe, bestätigende Worte – sollten auf jeden Fall dabei sein!

Aufgabe 2: Manchmal übertreiben wir es mit der Belohnung. Oft passiert dies in Bezug auf die Schmackhaftigkeit von Leckerlis, teilweise aber auch bei einem zu überschwänglichen verbalen Lob oder, wenn mehrere Belohnungen auf einmal gegeben werden, z. B. Loben, Leckerli und Streicheln. Gerade wenn Ihr Hund konzentriert ist, kann dies schnell zu viel werden und stört ihn mehr, als dass es belohnt. Wählen Sie für diese Aufgabe Leckerli oder liebe, bestätigende Worte und erproben Sie, wie lecker das Leckerli sein darf bzw. wie überschwänglich Ihre Worte geäußert werden dürfen, damit Ihr Hund noch konzentriert bleibt und keine so starke Erwartungshaltung einnimmt, dass er gar nicht mehr merkt, was er eigentlich lernen soll.

Die Augen reagieren schon, die Nase noch nicht.

PRAXISÜBUNG: ICH RUFE, DU KOMMST

Hintergrund der Übung

Der Rückruf ist für den Alltag mit Hund sicher eines der wichtigsten Signale. In vielen Situationen wird er benötigt, sei es, weil der Ausflug in den Freilauf beendet ist oder jemand entgegenkommt, weil man selbst den Hasen schon entdeckt hat oder der Hund frei auf eine viel befahrende Straße zusteuert. Funktioniert der Rückruf kaum oder gar nicht, kann dies zum einen schwerwiegende Konsequenzen für alle Beteiligten mit sich bringen: Verletzungen bei Autounfällen für Autofahrer*innen und Hund, Gefährdung von Wildtieren (die auch ein Recht auf Unversehrtheit haben) oder Zwischenfälle bei Hundebegegnungen (siehe S. 172). Zum anderen wird es auch die Freiheit des Hundes enorm einschränken. Denn nur, wenn der Hund im Freilauf abrufbar ist, kann ihm dieser und damit auch der freie Hundekontakt bedenkenlos zugestanden werden. Beides ist sehr wichtig für den Hund, sodass sich hier jede Mühe lohnt.

Vorbereitung der Übung

Für diese Übung benötigen Sie eine Belohnung (siehe S. 108). Außerdem sollten Sie Ihren Welpen ggf. durch ein gut sitzendes Geschirr und eine Schleppleine sichern. Dies kann z. B. sinnvoll sein, wenn Sie im Außenbereich trainieren und Sie Ihren Hund im Notfall (Wild, Straße, Artgenosse etc.) kontrollieren müssen, auch ohne, dass der Rückruf schon sicher funktioniert. Für den Rückruf sollten Sie ein Wort wählen, das im Alltag selten genutzt wird (denkbar sind „Hier“, „Hierher“, „Zu mir“ oder „Heran“), aber auch ein Pfiff mit einer Hundepfeife. Der Pfiff hat den Vorteil, dass dieser immer neutral klingt, egal ob er gerade in einer Situation ertönt, in der Sie aufgeregt sind oder nur zu Übungszwecken, sofern auch bei der Übung nicht zaghaft in die Pfeife geblasen wird, sondern ähnlich wie in einer aufregenden Situation. Hört der Hund Ihre Aufregung in Ihrer Stimme, kann es sein, dass er das Signalwort ignoriert, sich umschaut und nach potenziellen Ursachen dafür sucht. Andererseits kann die Stimmungsmitteilung über den Ruf zu Übungszwecken enorm hilfreich sein, denn mit der Stimme kann der Mensch seinen Hund freundlich heranrufen, während die Pfeife immer den gleichen, neutralen Ton abgibt. Auch kann die Pfeife beim Spaziergang vergessen werden und es besteht die Gefahr, dass Ihr Hund sich nicht mehr abrufen lässt. Neben dem akustischen Signal, sollten Sie bei dieser Übung auch unbedingt ein Sichtzeichen etablieren.

Durchführung der Übung

Beginnen Sie das Training des Rückrufs immer in einer besonders reizarmen Umgebung, die Ihr Hund bereits gut kennt. Es bieten sich beispielsweise die Wohnung oder der bekannte Garten an. Positionieren Sie sich in der Nähe Ihres Welpen.

Rückruf in 5 Schritten

Schritt 1: Jeder Rückruf beginnt damit, dass Sie die Aufmerksamkeit Ihres Welpen auf sich lenken. Dies können Sie über das Rufen seines Namens aber auch über Geräusche wie Schnalzen oder In-die-Hände-Klatschen erreichen. Sind Sie sich nicht sicher, ob Sie die Aufmerksamkeit Ihres Welpen haben, bleiben Sie bei diesem Schritt und arbeiten weiter daran, seine Aufmerksamkeit zu steigern. Sie können sich jetzt z. B. auch noch Ihrem Welpen annähern, um besser wahrgenommen zu werden. Sind Sie schon weiter im Training, können Sie auch einmal einen ernsten Tonfall anschlagen, wenn Sie das Gefühl haben, Ihr Hund überhört Sie ganz bewusst. Wichtig ist dann aber ein schnelles Rückschalten zur Freundlichkeit, sobald Ihr Hund die Aufmerksamkeit auf Sie richtet. In jedem Fall gilt: Erst wenn Sie mit jemandem 10 € wetten würden, dass Ihr Welpe auch wirklich kommt, gehen Sie weiter zu Schritt 2.

Schritt 2: Haben Sie so viel Aufmerksamkeit Ihres Welpen, dass Sie sich wirklich sicher sind, dass er sich auf den Weg zu Ihnen macht, wenn Sie Ihr Rückrufwort rufen, rufen Sie ihn. Setzen Sie hierbei nicht ausschließlich auf das Wort, gerade am Anfang, wenn Ihr Welpe die Bedeutung des Wortes noch gar nicht kennt. Machen Sie sich auch Ihr Ausdrucksverhalten zu Nutze: Verwenden Sie eine hohe, fröhliche Stimme, gehen Sie in die Hocke oder strecken Sie Ihre Arme seitlich aus. Vorsicht: Für einen Hund ist es einladender, wenn Sie sich dabei leicht seitlich drehen und ihn nicht anstarren. Sollte Ihr Welpe sich schon bei Schritt 1 auf den Weg zu Ihnen gemacht haben, können Sie auch sehr gut dann Ihr Rückrufwort setzen. So wird es sogar perfekt mit der Handlung des Zurückkommens in Bezug gesetzt!

Jetzt kann die 10-€-Wette getrost eingegangen werden. Rosie macht sich schon auf den Weg.

1

2

1. Erst einmal muss die Aufmerksamkeit sichergestellt werden.

2. Ist die Aufmerksamkeit gegeben und Sie sind sich sicher, dass Ihr Hund kommt, rufen Sie ihn mit Ihrem Rückrufwort.

Schritt 3: Freuen Sie sich sichtbar und loben Sie Ihren Welpen, sobald er sich auf den Weg zu Ihnen macht – nicht erst, wenn er angekommen ist. Das Risiko, dass er sich auf dem Weg zu Ihnen ablenken lässt, wird damit stark verringert. Achten Sie hierbei darauf, dass Sie nicht schon jetzt eine Belohnung aus Ihrer Tasche holen. Hunde sind schlau und lernen schnell mit einem prüfenden Blick zu entscheiden, ob Sie ihm etwas anzubieten haben oder nicht.

Schritt 4: Sobald Ihr Welpe bei Ihnen angekommen ist, erhält er die wohlverdiente Belohnung! Ein Trick bei der Belohnung ist, diese unvorhersehbar für den Hund zu gestalten. Gibt es z. B. variierende Leckerlis oder Spielzeuge zu ergattern, wird Ihr Hund umso motivierter sein, zu Ihnen zu kommen und zu schauen, was es dieses Mal gibt. Ob Ihr Hund dafür bei Ihnen stehen bleibt oder lernt, sich abzusetzen, ist Geschmackssache. Bei Hunden, die sich mit Impulskontrolle schwertun, ist ein Absitzen zu empfehlen.

Schritt 5: Als Letztes gilt es, den Rückruf aufzulösen. Das Aufhebungssignal sollte das Gleiche sein, das Sie auch bei anderen Signalen (siehe S. 158) verwenden. Es ist wichtig, dass Ihr Hund den Rückruf nicht eigenmächtig auflöst und entscheidet, wie es nach dem Zurückkommen weitergeht. Im Ernstfall kann ein herannahendes Auto der Grund für Ihren Rückruf sein, sodass der Hund nach der Belohnung eben nicht wieder tun darf, wozu er gerade Lust hat, sondern von Ihnen erst einige Minuten später wieder entlassen wird. Geben Sie allerdings das Aufhebungssignal, so ist es Ihrem Hund überlassen, ob er sich wieder anderen Dingen widmet oder weiterhin bei Ihnen bleibt. Anfangs sollte die Zeitspanne zwischen Belohnen und Entlassen nur wenige Sekunden betragen und erst mit steigender Konzentrationsfähigkeit und Geduld verlängert werden.

3

4

5

3. Loben Sie Ihren Hund, sobald er sich auf den Weg zu Ihnen macht, in einladender Körperhaltung.

4. Belohnen Sie ihn, wenn er bei Ihnen angekommen ist.

5. Lösen Sie den Rückruf mit Ihrem Wort und der entsprechenden Geste wieder auf.

Die Hand als orientierendes Sichtsignal.

ICH RUFE, DU KOMMST – IM ALLTAG

Nun, da Ihr Hund das Signal und dessen Bedeutung kennt, müssen Sie den Rückruf in den unterschiedlichsten Situationen trainieren. Reagiert Ihr Welpe in reizarmer Umgebung gut auf das Signal, kann nach und nach die Ablenkung gesteigert werden, indem der Rückruf beispielsweise im Garten, beim Spaziergang oder im Haus geübt werden kann, wenn eine weitere Person anwesend ist. Anfangs dürfen das Signalwort oder der Pfiff für den Rückruf niemals im Ernstfall benutzt werden: Die Wahrscheinlichkeit, dass es schief geht, der Hund das Signal erfolgreich ignoriert und dennoch belohnt wird, ist zu groß. Denn wenn Sie Ihren Hund aufgrund von weglaufendem Wild oder herannahenden Artgenossen abrufen möchten und er nicht reagiert, sondern die Möglichkeit zur Jagd oder zum Spiel mit dem Artgenossen hat, sind dies selbstbelohnende Handlungen, die durch Dopaminausschüttung intrinsisch (von innen) motiviert werden. Hier ist Ihre volle Aufmerksamkeit gefordert: Sehen Sie in der Ferne einen Artgenossen oder grasendes Wild, rufen Sie Ihren Welpen heran, bevor er diese gesehen hat und die Möglichkeit nutzt, sich zu nähern. Der Rückruf muss in unterschiedlichen Situationen mit unterschiedlich hoher Ablenkung trainiert werden und kann im Ernstfall erst erfolgreich benutzt werden, wenn der Hund auch unter hoher Ablenkung in einer Trainingssituation noch abrufbar war. Auch wenn Sie und Ihr Hund bereits Rückruf-Profis sind, sollte von zehn Rückrufen nur ein Rückruf die Konsequenz haben, dass das, was Ihr Hund gerade Spannendes zu tun hatte, nach dem Rückruf nicht wieder aufgenommen werden darf. In den neun anderen Situationen sollte Ihr Hund nach dem Rückruf wieder tun dürfen, was er möchte. Dies ist so wichtig, damit Ihr Hund abspeichert, dass Rückruf im Kern meint „Komm zu mir, ich freue mich riesig, du bekommst eine Belohnung und dann darfst du deine Handlung fortsetzen“ und nicht meint „Wenn ich dich rufe, ist der Spaß vorbei“. Abschließend muss angemerkt werden: Es gibt keine absolute Garantie, dass der Hund trotz regelmäßigen Trainings immer auf Ihren Rückruf reagiert. In potenziell gefährlichen Situationen (für den eigenen Hund, aber auch für andere Lebewesen) ist die (Schlepp-)Leine die sichere Wahl.

Kurz zusammengefasst

Lernziel Hund: Er reagiert zuverlässig auf den Rückruf.
Lernziel Mensch: Sie können Ihren Hund rechtzeitig heranrufen und individuell attraktiv belohnen.
Aufbau der Übung:
Das Training beginnt in einer reizarmen Umgebung.
Die fünf Schritte zu einem erfolgreichen Rückruf:
1. Aufmerksamkeit erreichen (Name und ggf. Geräusche)
2. Rückrufwort und einladende Körperhaltung
3. Sofort loben, wenn Ihr Hund sich auf den Weg macht
4. Belohnen, wenn der Hund angekommen ist
5. Aufhebungssignal geben
Generalisieren Sie: Steigern Sie langsam den Grad der Ablenkung oder wechseln Sie die Umgebung

Erst kommt die Aufmerksamkeit, dann kommt der Hund!

RUHE UND ENTSPANNUNG

RUHE FINDEN

Ruhe finden und sich entspannen können, ist nicht nur für Menschen in der heutigen Welt eine wertvolle Kompetenz.

Und jetzt machen wir eine Pause!

Komm einfach mal runter

Gerade bei aufgeregten, nervösen oder in ihrer Persönlichkeit sehr extravertierten Hunden ist es dringend erforderlich, nicht nur zwischendurch, sondern oft schon vor dem Start von besonders aufregenden Aktivitäten eine Ruhe- und Entspannungsübung zu machen.

Wie das geht, werden wir im praktischen Teil sehen (siehe S. 128). Zunächst aber ist es wichtig zu verstehen, was hier eigentlich angesprochen wird. Dazu müssen wir einen Blick auf das als vegetatives Nervensystem oder auch als das unabhängige Nervensystem (autonomes Nervensystem) bezeichnete Konglomerat werfen, das aus verschiedensten Kerngebieten im und seitlich des Rückenmarks besteht bzw. den daraus entspringenden, den Körper versorgenden Nervensträngen. Die wichtigsten Bestandteile des autonomen Nervensystems sind einerseits der eher aktivierend wirkende Sympathikus, andererseits der eher dämpfend wirkende Parasympathikus.

SYMPATHIKUS

Der Sympathikus, der nicht nur die körperliche Leistungsbereitschaft für Kampf und Fluchtreaktionen steuert, sondern auch in vielen inneren Organen die Funktionen steigert, arbeitet überwiegend mit den beiden Botenstoffen Adrenalin und Noradrenalin, wobei in der Verhaltenskontrolle ersteres auch nicht ganz zutreffend als Fluchthormon, letzteres als Kampfhormon bezeichnet wird.

Neben den Gehirnregionen selbst, aus denen die sympathischen Nervenstränge entspringen können, liegt eine als Grenzstrang bezeichnete Ansammlung von Kerngebieten links und rechts des Rückenmarks entlang der Wirbelsäule. Dort werden auch z. B. Gefäßwände, Hautdrüsen, Herz und Lunge aktiviert. Durch die Aktivitäten des sympathischen Nervensystems werden Gefäßwände verengt, wodurch der Blutdruck steigt, die Bronchien werden erweitert, wodurch mehr Atemluft aufgenommen und damit mehr Sauerstoff in den Körper gebracht werden kann. Gleichzeitig werden aber eine Reihe von eher für das Langzeitüberleben notwendigen Organsystemen, z. B. der Verdauungstrakt oder auch die Geschlechtsorgane, in der Bedienung mit frischem Blut nach hinten gestellt.

Unsere Hunde können aktiv in die Ruhe begleitet werden ...

PARASYMPATHIKUS

Er ist der Gegenspieler des sympathischen Nervensystems und enthält einige Kerngebiete im Hirnstamm, die dann über Gehirnnerven in den Körper ihre Nervenfasern aussenden. Pupillen, Tränen- und Speicheldrüsen werden vom Parasympathikus gesteuert und insgesamt kann hier eher die Regeneration, die Erholung von Energiereserven, gesteigert werden. Herz, Bronchien, Verdauungsorgane und Harnleiter sind weitere Zielgebiete des Parasympathikus. Im Rückenmark der Kreuzbeinregion finden wir Kerngebiete, die mit dem Dickdarm, der Harnblase und den Geschlechtsorganen verknüpft sind. Daraus wird bereits erkennbar, dass eine Beeinflussung dieser wichtigen zentralnervösen Kerngebiete und des sympathischen und parasympathischen Nervensystems im Körper zu einer erheblichen Beeinflussung von Stimmungen und Verhaltensreaktionen beitragen kann.

EFFEKTIVES LERNEN

Die Zusammenhänge zwischen der Aktivierung der blauen Kerne und den vielfältigen aktivitätssteigernden Auswirkungen beispielsweise des Noradrenalin-Systems lassen nochmals deutlich werden, warum z. B. in Lernsituationen eine milde, aber für den Hund noch bewältigbare Belastung keineswegs lern- und konzentrationshindernd, sondern ggf. sogar lern- und konzentrationssteigernd wirken kann. Das Noradrenalin ist nicht nur eines der zentralen Hormone in der Steuerung von Akutstresssymptomen und Aggressionsformen, sondern durch seine aufmerksamkeitsfördernde und auch lernsteigernde Wirkung ein Förderer des erfolgsorientierten Verhaltens. Noradrenalin verstärkt unter anderem die elektrische Aktivierbarkeit im Gehirn, was einerseits leichtere Reizleitung ermöglicht und andererseits auch Gedächtnisspeicherung erleichtert. Jedoch ist eben gerade dabei kein „Viel hilft viel", sondern eine eher umgekehrt U-förmige Kurve zu beachten. Und wo genau der Gipfelpunkt dieser Kurve liegt, also bei welchem Verhältnis von Aufregung oder leichter Belastung dieser betreffende Hund, Mensch oder andere Azubi besonders effektiv lernt, ohne weder gelangweilt noch hoffnungslos überfordert zu sein, kann uns nur dessen jeweiliges Ausdrucksverhalten in der Situation selbst sagen.

Massagen zur Entspannung

Speziell im Zusammenhang mit der Auswirkung von Entspannungsmassagen bei Hunden hat bereits im Jahr 2003 ein schwedisches Autorenteam (Odendaal & Meintjes) und zwei Jahre später eine Gruppe von Autor*innen rund um Paul McGreevy deutliche Auswirkungen auf den Hormonhaushalt und auf den Herzschlag bei Hunden nach und während einer Wohlfühlmassage festgestellt. Der Blutdruck und die Pulsrate der Hunde sank deutlich, wenn die Massage gerade an den Wohlfühlpunkten (die über die Körperoberfläche unterschiedlich verteilt sind) ausgeübt wurde. Besonders die Ohrbasis und Punkte entlang der Wirbelsäule bieten sich für sehr wirkungsvolle Streichmassagen an (Näheres z. B. bei Freiling 2018). Probieren Sie es gern selbst aus, jeder Hund ist da anders ... Gleich-

... und lernen, sich auch unterwegs zu entspannen und Pausen einzulegen.

zeitig steigt die Konzentration einer Reihe von entspannend und wohlfühlend wirkenden Hormonen, z. B. des als Sozial- und Bindungshormon bezeichneten Oxytocins oder auch des Prolaktins. Bemerkenswert ist, dass sogar in Extrembelastungssituationen, nämlich bei der Feuerwerksproblematik am Silvesterabend, eine Entspannungsmassage zu einer deutlichen Beruhigung des Hundes führen kann (Riemer 2020). Wahrgenommen werden die Druck- und Streichbewegungen einer Wohlfühlmassage über eine ganze Reihe verschieden spezialisierter Tastkörperchen und anderen, als Mechanorezeptoren bezeichneter kleinen Sinneszellen und Sinnesorgänchen, die über die Körperoberfläche verteilt sind. Schließlich gelangt die Information in die Großhirnrinde, wo, wie in einer Landkarte, jede Stelle der Körperoberfläche eine ihr zugewiesene Region mit einschlägig zuständigen Nervenzellen aufweist. Die dort stattgefundene Wahrnehmung führt dann über absteigende Nervenbahnen wiederum zur Beruhigung, z. B. in den blauen Kernen oder im gesamten sympathischen Nervensystem.

„Wir wissen, dass während und nach Wohlfühlmassagen Pulsrate und Herzfrequenz verringert sind. Wir gehen davon aus, dass sich bei regelmäßiger Anwendung auch Hunde generell leichter entspannen können und ruhiger werden."

Aus Lavendel gewonnenes ätherisches Öl wurde bereits auf seine beruhigende Wirkung an Hunden untersucht.

AUSWIRKUNG VON DUFTSTOFFEN

Im Zusammenhang mit einer anvisierten Beeinflussung von Verhalten, werden manchmal Duftstoffe (oft in Kombination mit Entspannungsmassagen) verwendet. Sie werden in die Luft gesprüht, auf Kissen getropft, durch Strom oder Ultraschallvernebler in der Raumluft verteilt oder kommen direkt im Halsband daher. Zwei verschieden gewonnene Arten von Duftstoffen, mit unterschiedlichen Wirkungsmechanismen, sind dabei zu unterschieden.

Pheromone

Pheromone sind Duftstoffe, die im Zuge eines langen Evolutionsprozesses zur Übermittlung bestimmter Signale im innerartlichen Bereich entstanden sind. Sie dienen also der Kommunikation. Das industriell hergestellte Pheromon, das wir für Hunde kaufen können, entstammt ursprünglich der Mutter-Welpen-Kommunikation. Es ist gewissermaßen der geruchliche Hinweisgeber, der ausdrückt: „Hier geht's zur Milchbar!" Duftdrüsen rund um die Zitzenregion der säugenden Mutterhündin senden diesen Duftstoff aus und zeigen den Neugeborenen den schnellsten Weg zur Nahrungsquelle. Künstlich hergestellt, werden diese Pheromone vor allem bei Furcht- oder Angstproblematiken angewendet, häufig auch in sozialen Zusammenhängen, aber auch zur Reduktion von Feuerwerksproblemen, Reiseängsten oder anderen Schwierigkeiten herangezogen. In einem Welpenkurs waren Welpen, die ein Pheromon-Halsband trugen, nicht nur ruhiger und konzentrierter als solche mit Blindprobe (also mit einem Halsband, das keine Pheromone enthielt), das Gelernte war auch Wochen später noch viel präsenter. Zusätzlich waren die Welpen weniger ängstlich, furchtsam, gingen mehr positive Interaktionen ein und waren auch im späteren Leben noch anpassungsfähiger in neuen Situationen (Denenberg & Landsberg 2008). Und bei einem Lehrgang für Polizeihunde, die nachts nicht im Zimmer der Bezugspersonen, sondern im Zwinger untergebracht wurden (über die Sinnhaftigkeit solcher Anordnungen schweige hier die Höflichkeit), waren diejenigen mit Pheromon-Halsband nachts ruhiger und am nächsten Tag lernbereiter (Dehasse & Schroll 2005). Mills und Braem (2018) zeigen, in welchen Bereichen die Anwendung von Pheromonen beim Hund heute bereits erfolgreich getestet wurde. Pheromone justieren die „rosa Brille" des Hundes dabei eher langfristig. Sie sollten daher auch über einen längeren Zeitraum und anfangs bestenfalls eine Weile nur in für den Hund entspannten Situationen eingesetzt werden.

Ätherische Öle

Einen etwas anderen Wirkmechanismus haben dagegen die Duftstoffe, die analog der Aromatherapie beim Menschen auch bei Hunden eingesetzt werden können. Die Rede ist von ätherischen Ölen. Im Gegensatz zu Pheromonen sind diese nicht arttypisch in der Evolution entstanden, weshalb sie auch z. B. bei Menschen und Hunden ähnlich wirken (während ein Hundepheromon Katzen kalt lässt, kann es bei Wölfen oder Afrikanischen Wildhunden eingesetzt werden – und umgekehrt).

Manche ätherische Öle (z. B. Kampfer) werden sogar über Nervenenden in der Mundhöhle, nicht über die Nase, aufgenommen. Ansonsten ist über die inneren Mechanismen noch wenig bekannt, wenngleich die Wirksamkeit z. B. in Studien an Tierheimhunden belegt werden konnte (siehe Krivy & Gansloßer 2016).

Lavendel, Kamille und Sandelholz wurden in Studien an Tierheimhunden bereits ebenfalls erfolgreich getestet – sie führten zu einer erheblichen Reduktion von Nervosität und Aufregung. Bei Christine Holst (2018) finden sich nähere Informationen und Hinweise zu deren Einsatz.

Übrigens: Auch Musik kann Hunde beruhigen. Leichte Klassik, Barockmusik, Hörbücher, in einer Studie auch Reggae, haben erfolgreich zur Beruhigung von Hunden beigetragen.

Eigentlich nicht verwunderlich, dass Hunde mit ihrem hohen Maß an Geruchsfähigkeit sehr gut auf Duftstoffe ansprechen.

Neben Lavendel wirken auch die ätherischen Öle aus Kamille und Sandelholz beruhigend.

Stimmungsübertragung funktioniert in Richtung Aktion, aber auch …

STIMMUNGSÜBERTRAGUNG

Die Frage, ob und inwieweit wir durch unsere Einstellung und unsere Stimmung Einfluss auf die Einstellung und die Stimmung unserer Hunde nehmen können, hält oft – auf die eine oder andere Weise – Einzug in die Erziehung. Die wissenschaftlichen Erkenntnisse hierzu sind recht eindeutig. Sie sprechen dafür, dass wir nicht nur die Stimmung und die Einstellung unserer Hunde beeinflussen (können), sondern dass wir ihnen sogar etwas vormachen können. „Sicheres Auftreten bei völliger Ahnungslosigkeit" kann also auch hier eine erfolgreiche Strategie sein.
Werfen wir einen Blick auf einige spannende Ergebnisse aus der Wissenschaft zu diesem Themenkomplex:
In mehreren Untersuchungen (z. B. Kis et al. 2014, Duranton et al. 2016) wurde herausgearbeitet, dass Hunde sich in ihrem Verhalten fremden Personen gegenüber meist an ihrem Menschen orientieren; je nach Geschlecht und Rassezugehörigkeit unterschiedlich stark.
Wenn ihr Mensch sich in Konfrontationen mit Fremden eher zurückzieht, so zieht sich auch der Hund eher zurück. Auch reagieren Hunde eher negativ, bisweilen unfreundlich auf Personen, die ihnen selbst oder ihrem Menschen gegenüber unfreundlich oder aggressiv auftreten.
Das Ergebnis einer weiteren Studie ist im wahrsten Sinne des Wortes „großes Kino": Den Hunden nicht bekannte Versuchspersonen schauten in einem Raum eine Horrorszene, eine romantische Liebesszene oder eine komödiantische Szene. Nachdem sie den Raum wieder verlassen hatten, wurden die Hunde in den Raum geführt und ihr Verhalten beobachtet. Die Hunde

reagierten mit der größten Erregung, wenn die Versuchspersonen vorher die Horrorszene gesehen hatten (D'Aniello et al. 2018).
In einer Arbeit aus der Budapester Forschungsgruppe wurde dann die Aufforderung zu einem gewissen Verhalten des Menschen einbezogen. Hunde apportierten wesentlich freudiger und begeisterter einen Gegenstand, den ihre Menschen mit großer Freude und ebenso großer Begeisterung begutachtet hatten, als einen Gegenstand, den ihre Menschen nur mit Abscheu oder gespielter Gleichgültigkeit bedachten (Turcsan et al. 2015). Übrigens ist dies ein sehr gutes Argument gegen die von manchen Verhaltenstherapeut*innen gegebene Empfehlung, mit einem Hund, der gern Kot frisst, einen Tauschhandel gegen Leckerli einzuleiten und damit den Kot noch stärker aufzuwerten. Auch in anderen Untersuchungen wurden Regieanweisungen für den Menschen einbezogen (z. B. Custance & Mayer 2012). Lassen wir Hundemenschen mit ihrem Hund in einem Raum mit einem Spielzeugroboter oder einem anderen fremden Gegenstand allein, können wir durch Regieanweisungen an den Menschen auch das Verhalten dieses Hundes beeinflussen: Bekommt der Mensch die Information, den nunmehr auftauchenden neuen Gegenstand freudig begeistert und mit sehr viel gespielter positiver Erregung zu untersuchen, wird sich der Hund sogar hinterher ohne seinen Menschen mit diesem Gegenstand sehr intensiv und begeistert beschäftigen. Sollen die Menschen dagegen diesen Gegenstand eher mit Abneigung oder gar mit Furcht betrachten, wird auch der Hund später ohne seinen Menschen skeptisch im Umgang mit dem neuen Gegenstand sein.
Unsere Hunde sind also nicht nur sehr gut darin, unsere Stimmung wahrzunehmen, sondern wir können unserem Hund auch gezielt über unsere nach außen gezeigte Einstellung erfolgreich vermitteln, wie und in welcher Weise wir eine Situation bewerten oder sie bewältigen möchten. Dabei gilt wie unter Menschen auch:
Je besser das Schauspiel, desto überzeugter die Zuschauenden.

... in Richtung Ruhe und Entspannung.

Alle drei Hunde sind relativ entspannt. Augen und Ohren arbeiten noch.

BEOBACHTUNGSÜBUNG: ENTSPANNUNGSMERKMALE

Ziel der Übung: Entspannungsmerkmale wahrnehmen lernen

Zur Ruhe zu kommen und ruhig zu bleiben, ist eine Kernkompetenz für Hunde, die es unbedingt zu unterstützen gilt. Eine wichtige Voraussetzung hierfür ist, dass Sie in der Lage sind zu erkennen, wann Ihr Hund zur Ruhe kommt oder kommen möchte. Hierfür gibt es verschiedene Merkmale. Einige sind deutlich zu erkennen – diese nennen wir hier „große Entspannungsmerkmale" – andere eher unauffällig, doch mindestens ebenso bedeutsam – diese nennen wir hier „kleine Entspannungsmerkmale".

Kleine Entspannungsmerkmale

– Blick nicht mehr fokussiert
– Ohren wechseln in entspannte Grundstellung
– Stirn glättet sich
– aus den Lefzen weicht die Spannung, sie „hängen"
– Schwanz wechselt in entspannte Grundstellung (siehe auch S. 58)
– Körperspannung verringert sich
– Kopf senkt sich ab
– Atmung verlangsamt sich

Große Entspannungsmerkmale

– Hinsetzen
– seitliches Absetzen
– Hinlegen
– Kopf ablegen
– tiefes Ausatmen
– auf die Seite legen
– Augen schließen

Die Beobachtungsaufgaben

Ort/Situation: Ortsunabhängig
Was Sie brauchen: Smartphone

Aufgabe 1: Machen Sie ein Foto von Ihrem entspannten Hund und suchen Sie darauf mindestens drei Entspannungsmerkmale.

1. ______________________________

2. ______________________________

3. ______________________________

Aufgabe 2: Entdecken Sie im Alltag vier große und vier kleine Entspannungsmerkmale bei Ihrem Hund.

Große Merkmale:

1. ______________________________

2. ______________________________

3. ______________________________

4. ______________________________

Kleine Merkmale:

1. ______________________________

2. ______________________________

3. ______________________________

4. ______________________________

Aufgabe 3: Finden Sie Entspannungsmerkmale bei Ihrem Hund, die nicht auf der Liste stehen? Wenn ja, welche?

1. ______________________________

2. ______________________________

3. ______________________________

4. ______________________________

1

2

1. Anfangs kann eine liebevoll gesetzte Begrenzung helfen.

2. + 3. Berühren oder streicheln Sie Ihren Hund, so dass es ihm gefällt und er sich zunehmend entspannt.

4. Haben Sie den Eindruck, Ihr Hund hat sich deutlich entspannt, sagen Sie das Ruhesignalwort.

PRAXISÜBUNG: GANZ RUHIG

Hintergrund der Übung

Ruheübungen können den Alltag von Mensch und Hund enorm bereichern. Ihr Hund lernt den Körperkontakt zu Ihnen als angenehm und beruhigend kennen. Und Sie gewinnen einige Erkenntnisse: Sie erfahren, welche Berührungen Ihr Hund mag, wann Ihr Hund zur Ruhe kommt und wie Sie ihn aktiv in aufregenden Situationen unterstützen und beruhigen können. Damit hat diese Übung ebenfalls eine bindungsfördernde Komponente. Zur Bindung gehört eben auch, dass der Hund sich in Krisensituationen auf seinen Menschen verlassen können muss und der Mensch ihn durch potenziell gefährliche Situationen leiten kann (siehe S. 20). Sobald der Hund also aufgeregt oder unsicher ist, sich eventuell sogar vor etwas fürchtet, kann er auf seinen Menschen vertrauen und bei diesem Schutz suchen. Und dieser kann ihm nicht nur Schutz bieten, sondern weiß sogar, wie er seinen Hund aktiv beruhigen kann. Die Übung bietet noch weitere Vorteile, denn Sie lernen zum einen Körperkontakt als etwas Bewusstes kennen, was nicht nur beiläufig oder gar unbewusst passiert. Und zum anderen erfahren Sie, welche Auswirkungen positiver Körperkontakt hat und welche Art von Kontakt Ihr Hund als angenehm empfindet – denn wie Menschen zeigen auch unsere Hunde hier individuelle Vorlieben. Sollte Ihr Welpe Berührungen generell ablehnen, sollten Sie Ihren Tierarzt oder Ihre Tierärztin konsultieren, der oder die Ihren Welpen auf eine schmerzbedingte Ursache hierfür untersuchen sollte.

Vorbereitung der Übung

Für diese Übung ist keine große Vorbereitung notwendig. Je nach Signal gegebenenfalls eine Decke, ein Duft oder ein bestimmter Klang.

3

4

Durchführung der Übung

Der Aufbau dieser Übung ist denkbar einfach. Dennoch gibt es zwei Punkte zu beachten. Zum einen sollten Sie die Übung anfangs immer dann durchführen, wenn Ihr Hund ohnehin müde ist, z. B. nach dem Training oder dem Spaziergang. Zum anderen soll Ihr Hund bei dieser Übung das Signal mit dem Zustand der Entspannung und Ruhe verknüpfen. Anders als das Erlernen von Fertigkeiten wie Sitz oder Platz, ist dies nicht innerhalb kürzester Zeit zu bewerkstelligen. Sie sollten daher mehrere Wochen bis Monate zu Hause im reizarmen Umfeld üben und das Signal erst in aufregenden Situationen anwenden, wenn Ihr Hund die Verknüpfung zwischen Signal und Ruhezustand hergestellt hat.

Schritt 1: Nehmen Sie die Ruheposition ein. Hierbei ist es völlig egal, welche das ist. Beispielsweise können Sie sich hinter Ihren Hund hocken und ihn zwischen Ihre Beine nehmen. Allerdings funktioniert es ebenso gut, wenn Ihr Hund vor Ihnen sitzt, steht oder liegt.

Schritt 2: Beginnen Sie Ihren Hund langsam und sanft mit möglichst langen Bewegungen zu streicheln. Ihre Aufgabe besteht darin, Ihren Hund genau zu beobachten und herauszufinden, welche Berührungen er als angenehm empfindet und an welchen Stellen er eher ungern berührt wird.

Schritt 3: Sobald Sie Entspannungsmerkmale bei Ihrem Hund feststellen (siehe S. 126), geben Sie das Signal. Es ist wichtig, dass Sie es erst geben, wenn Ihr Hund sich wirklich entspannt hat, da nur dann der Zustand der Ruhe und Entspannung mit dem Signal assoziiert werden kann. Dies kann zum einen ein gesprochenes Signal sein. Sprechen Sie hierbei

> Um diese Übung sinnvoll umzusetzen, sollten Sie erst einmal herausfinden, wo und welche Art von Berührungen Ihr Hund mag.

Entspannung geht mit Übung überall.

ruhig und vokalbetont (z. B. „GAAAANZ RUUUUHIG“). Zum anderen wirken verschiedene Duftstoffe (z. B. Sandelholz, Lavendel oder Kamille) oder Klänge (ruhige klassische Musik) erwiesenermaßen beruhigend auf Hunde (siehe S. 119 oder Krivy & Ganslоßer 2016). Sie können daher statt des gesprochenen Signalwortes auch einen Duft oder einen bestimmten Klang mit dem Ruhezustand in Verbindung bringen. Überlegen Sie sich, wann das Signal zum Einsatz kommen soll und entscheiden Sie dann, welche Art des Signal am besten geeignet ist (siehe S. 131). Suchen Sie möglichst häufig Situationen, in denen Ihr Hund Ruhe findet und wenden Sie dann die Wohlfühlmassagen und das Signal an. Hierbei ist es wichtig, dass Sie das Signalwort nicht als Aufforderung einsetzen, solange der Begriff noch nicht gesichert ist – und das braucht wie alle wirklich festen Verknüpfungen mehrere hundert Wiederholungen! Außerdem können Sie das Signalwort auch ohne Massage immer dann geben, wenn Sie Entspannungssignale bei Ihrem Hund feststellen, z. B., wenn er es sich auf der Couch neben Ihnen bequem macht und dabei tief ausatmet.

GANZ RUHIG – IM ALLTAG

Sobald Ihr Hund das Signal mit dem Zustand der Entspannung verbunden hat, kann die Übung auch im Alltag zur Beruhigung in aufregenden Situationen eingesetzt werden. Abhängig von Ihrem Signal ergeben sich viele Einsatzmöglichkeiten.

Signalwort: Sobald Ihr Hund in eine aufregende Situation gerät, können Sie diese Übung mit etwas Abstand zum auslösenden Reiz durchführen, um Ihren Hund zu beruhigen. Egal, ob dieser Reiz nun ein Artgenosse ist oder ein Gegenstand, der auf den Hund gruselig wirkt. Sobald Ihr Hund Anzeichen von Stress und Anspannung zeigt, haben Sie die Möglichkeit, ihn gezielt zu unterstützen.
Decke als Signal: Haben Sie den Ruhezustand mit einer bestimmten Decke verknüpft, können Sie diese

einsetzen, wenn Ihr Hund unterwegs zur Ruhe kommen soll. Beispielsweise kann die Decke beim Restaurantbesuch mitgenommen werden, sodass Ihr Hund sich auch an neuen Orten direkt zu orientieren und zu beruhigen weiß.

Klang oder Duft als Signal:
Diese Signale eignen sich besonders gut zum Unterstützen des Hundes in der Situation der Trennung. Beim Verlassen des Hauses können Sie eine bestimmte Musik oder einen bestimmten Duftstoff anbieten, den Ihr Hund als Ruhesignal kennengelernt hat. Sobald er diesen also wahrnimmt, wirkt dies beruhigend. An dieser Stelle muss allerdings angemerkt werden, dass diese Übung nur als Ergänzung des Trainings des Alleinbleibens zu sehen ist und nicht als Ersatz.

Kurz zusammengefasst

Lernziel Hund: Er lernt Körperkontakt als etwas Positives, Beruhigendes kennen.
Lernziel Mensch: Sie können Ihren Hund in aufregenden Situationen unterstützen.
Aufbau der Übung:
– Ruheposition finden und einnehmen
– Langsames und sanftes Streicheln, mit möglichst langen Bewegungen
– Signalwort bei erkennbaren Entspannungssignalen geben

Eine Decke oder Ähnliches kann als optischer Marker das Ruhesignal unterstützen.

Tierschutzrecht

Hundebox und Tierschutzgesetz

Ein Beitrag von Barbara Felde

Die immer wieder empfohlene Methode, einen Welpen durch Einsperren in einer Box/einem Kennel an die Nachtruhe oder das Alleinbleiben zu gewöhnen, zur Stubenreinheit zu erziehen oder ihn auch während des Tages so zur Ruhe zu bekommen, stellt einen Verstoß gegen das Tierschutzrecht dar – auch wenn die Unterbringung des Welpen nur zeitweise in der geschlossenen Box erfolgt. Nach § 2 des Tierschutzgesetzes müssen Hunde verhaltensgerecht untergebracht werden. Die Tierschutz-Hundeverordnung schreibt Mindestmaße für die Größe von Räumen vor, in denen Hunde untergebracht/gehalten werden dürfen. Das Bundesministerium für Ernährung und Landwirtschaft (BMEL), befragt zur zeitweisen Unterbringung von Welpen in der geschlossenen Box, äußerte sich per E-Mail in der eben beschriebenen Richtung: Als „Räume" im Sinne von § 5 der Tierschutz-Hundeverordnung gälten auch Hundeboxen. Handelsübliche Transportboxen erfüllten die in § 6 Abs. 2 Tierschutz-Hundeverordnung vorgesehenen Maße an die Bodenfläche nicht. Ein Hund sei darin also nicht verhaltensgerecht untergebracht. Eine Unterbringung in einer Transportbox sei nur in den in § 1 Abs. 2 Tierschutz-Hundeverordnung genannten Ausnahmesituationen zulässig. Würde ein Hund in einer nicht unter die Ausnahmen fallenden Situation in der Box untergebracht, so stellte dies einen Verstoß gegen §§ 5, 6 Tierschutz-Hundeverordnung und gegen § 2 TierSchG dar.

TRANSPORT VON HUNDEN

Eine dieser Ausnahmesituationen, nach der Hunde zeitweise in eine Box gesperrt werden dürfen, ist der Transport, siehe § 1 Abs. 2 Nr. 1 Tierschutz-Hundeverordnung: „Die Vorschriften dieser Verordnung sind nicht anzuwenden während des Transportes, …". Auch diese Ausnahme hat einen klaren Hintergrund: Während der Fahrt in den Urlaub, zum Spaziergang usw. können die durch die Tierschutz-Hundeverordnung vorgeschriebenen Mindestmaße an die Unterbringung von Hunden schlicht nicht eingehalten werden.

TIERÄRZTLICHE BEHANDLUNG

Eine weitere rechtlich zulässige Möglichkeit, einen Hund zeitweise in einer Box – und damit in einer von den Vorgaben der Tierschutz-Hundeverordnung abweichenden Weise – unterzubringen, kann sich aus einer tierärztlich notwendigen und tierärztlich angeordneten Behandlung ergeben, wie § 1 Abs. 2 Nr. 2 Tierschutz-Hundeverordnung erhellt: „Die Vorschriften dieser Verordnung sind nicht anzuwenden (…) während einer tierärztlichen Behandlung, soweit nach dem Urteil des Tierarztes im Einzelfall andere Anforderungen an die Haltung notwendig sind, (…)."
Im Rahmen einer tierärztlichen Behandlung sind Abweichungen von den Vorgaben der Tierschutz-Hundeverordnung – z. B. durch zeitweises Einsperren des Hundes in einer Box – also zulässig, soweit sie nach dem Urteil des Tierarztes/der Tierärztin zur Unterstützung der Genesung oder zum Schutz anderer Hunde vor Erkrankungen erforderlich sind. Die Tierärzt*innen müssen den Verhältnismäßigkeitsgrundsatz beachten. Diese Einschränkung darf nur dann angeordnet werden, wenn sie nach Art, Ausmaß und Zeitdauer unumgänglich ist. Ebenso sieht dies der Tierschutzbeirat des Landes Rheinland-Pfalz, auf dessen Website sich folgende Stellungnahme befindet. „Der Einsatz der Hundebox mit geschlossener Tür ist im Einzelfall im Rahmen einer tierärztlichen Behandlung möglich. Der Tierarzt muss ausführen, dass die restriktive Unterbringung des Hundes notwendig ist, um die Gesundung des Hundes zu erreichen. Unter „tierärztlicher Behandlung" können nicht nur die körperliche Genesung, sondern auch die Behandlung von Verhaltensauffälligkeiten, -störungen und -erkrankungen verstanden werden. (…)
Die Unterbringung eines Hundes in der geschlossenen Hundebox ist möglich. Sie darf nur auf tierärztliche Anordnung (nicht auf Anordnung eines Hundeerziehers oder -therapeuten, der nicht auch Tierarzt ist) erfolgen. Der Tierarzt muss den Einsatz begleiten." *(https://tierschutzbeirat-rlp.de/themen/hundebox/index.php)*
Zum Transport eines Hundes oder auf tierärztliche Anweisung darf ein Hund also zeitweise in einer geschlossenen Box untergebracht werden. Zur Gewöhnung an die Nachtruhe oder das Alleinbleiben, zur Erziehung der Stubenreinheit oder um den Hund tagsüber zur Ruhe zu bekommen, ist die Unterbringung von Hunden in einer geschlossenen Box tierschutzrechtlich nicht zulässig und damit verboten.

Über die Autorin
Dr. Barbara Felde ist Richterin am Verwaltungsgericht in Gießen sowie die Stellvertretende Vorsitzende der Deutschen Juristischen Gesellschaft für Tierschutzrecht e. V. Darüber hinaus ist sie im Rahmen von Lehraufträgen an der Justus-Liebig-Universität Gießen vertreten sowie an der Hessischen Hochschule für Polizei und Verwaltung.

PERSÖNLICHKEIT UND KONFLIKT-MANAGEMENT

WAS FÜR EINE PERSÖNLICHKEIT!

Auch bei Hunden gibt es ganz unterschiedliche Persönlichkeiten. Die Persönlichkeit unseres hundlichen Familienmitglieds kennenzulernen, ist ein spannendes und wichtiges Unterfangen.

Haben Hunde eine Persönlichkeit?

Haben Hunde eine Persönlichkeit? Antwort: Nein! Es gibt genau wie bei uns mehrere verschiedene Persönlichkeitstypen, die jeweils aus bestimmten Situationen heraus erklärlich und erkennbar sind.

Genau wie bei Menschen ist auch bei anderen Tieren mittlerweile klar, dass Persönlichkeitstypen, die unter anderem auf inneren Faktoren wie hormonellen Zuständen, neurobiologischen Verknüpfungen, dazu früheren Erfahrungen und auch zu einem kleinen Teil auf Genetik beruhen, weit verbreitet sind. Einschlägige Lehrbücher der Verhaltensbiologie (Gansloßer et al. 2020) zeigen hier die inneren Zusammenhänge allgemein, für Hunde bieten Jones & Gosling (2005) oder Miklósi et al. (2014) die besten Übersichten. Die wichtigsten beiden Persönlichkeitstypen – als Grundpersönlichkeitstypen oder Verhaltenssyndrome bezeichnet – werden dabei je nach der Forschungsrichtung der beteiligten Arbeitsgruppen zwar unterschiedlich benannt, umreißen aber immer ein vergleichbares Persönlichkeitsbild: der sogenannte A-Typ, der in der Verhaltensökologie eher als wagemutig ("bold"), proaktiv oder in der älteren Verhaltensliteratur als subdominant bezeichnet wird und der als B-Typ, reaktiv oder submissiv bezeichnete Typ.

„Erst einmal genau beobachten", solch ein Motto würde eher dem sogenannten B-Typ zugeschrieben werden.

PERSÖNLICHKEITSTYPEN

A und B sind aus der Humanpsychologie übernommen und haben dort zunächst keine Bedeutung, als Eselsbrücke kann man sich aber A = aktiv und B = bedächtig merken. Jedoch zeigen moderne Untersuchungen, dass eine solche, in Kategorien denkende Einteilung eigentlich nur sehr selten den Nagel auf den Kopf trifft. Stattdessen handelt es sich in der Regel um ein Kontinuum. Der Super-A an einem Ende und der Super-B am anderen Ende sind also nur die Extremwerte eines fließenden Übergangs. Trotzdem lassen sich die beiden in verschiedenen Situationen sehr gut voneinander unterscheiden.

Test mit unbekanntem Gegenstand

Eine auch in Hundeschulen und Hundeverhaltenstests oftmals angewendete Situation ist die Konfrontation mit einem unbekannten Gegenstand. Das kann ein Lachsack, ein singender Weihnachtsbaum, ein blinkender Roboter oder eine plötzlich dastehende Hundefigur sein. Kommt der Hund mit seinem Menschen, idealerweise unangeleint, in dieser Situation plötzlich um die Ecke und sieht diesen Gegenstand, kann er in verschiedener Weise reagieren: Er rennt sofort davon oder stürzt sich blindlings (sei es zur Erkundung oder auch aggressiv motiviert) auf den Gegenstand. Oder er verharrt an Ort und Stelle, umschleicht den Gegenstand vorsichtig, blickt immer mal wieder über die Schulter, vielleicht sogar zu seinem Menschen, und nähert sich nur ganz vorsichtig und vielleicht durch Überredung seines Menschen dann von hinten dem unbekannten Gegenstand an. Damit haben sich die beiden Grundpersönlichkeitstypen einigermaßen geoutet: Der sofort (nach vorne oder nach hinten) agierende Hund ist der A-Typ und der vorsichtige Hund ist der B-Typ.

Die beiden Typen unterscheiden sich auch in vielen anderen Bereichen ihres Verhaltens und ihres Alltagslebens. So sind A-Typen in der Regel weniger frustrationstolerant, sie explodieren leichter, sind aber auch leichter bereit, die Flinte ins Korn zu werfen, wenn sie mit einer Aufgabe nicht weiterkommen. B-Typen dagegen sind oftmals nur scheinbar desinteressiert an einer neuen Situation. Sie denken dann ohne erkennbare Verhaltenstendenzen bereits intensiv nach und

kommen manchmal sogar, sobald sie beginnen zu handeln, schneller und erfolgreicher zum Ziel.

Reaktion auf Stress

Auch in Bezug auf ihre Stresshormonauswirkungen sind die beiden deutlich zu unterscheiden. Der A-Typ reguliert viele plötzlich auftretende Situationen zunächst mithilfe des Kampf- und Fluchtsystems, also den Botenstoffen Adrenalin, Noradrenalin (auch als Kampfhormon bezeichnet) oder Dopamin. Dementsprechend ist er eben auch sehr schnell bereit, sich aktiv mit einem Problem auseinanderzusetzen. Kommt es dabei jedoch nicht zu einer Problemlösung, dann ist die chemische Produktionskette auch leichter zu einer aggressiven, eher „Haudrauf"-Reaktion motiviert. Beim B-Typ dagegen aktiviert sich in unübersichtlichen Situationen eher das passive Stresshormonsystem der Nebennierenrinde, mit dem wichtigsten (bei Hunden wie Menschen) Hormon Cortisol. Dies wirkt eher aktivitätsdämpfend, im schlimmsten Falle aber auch lernbehindernd und depressiv machend. Auch kann Cortisol einige Aggressionsreaktionen hervorrufen, z. B. die Futter- oder sonstige Ressourcenverteidigung oder eine aus Angst oder Panik heraus entstehende Attacke als Befreiungsschlag in letzter Sekunde.

Extra- und Intraversion

Nicht unmittelbar von den genannten Stresshormonsystemen beeinflusst, aber im Persönlichkeitstyp A bzw. B mit verankert, ist eine andere Persönlichkeitsachse, die ebenfalls bei Hunden genau wie bei Menschen deutlich wird: Extra- oder Intraversion. Extravertiert, das sind diejenigen, die alles, was in ihnen vorgeht, deutlich nach außen kommunizieren, sich sehr schnell auch mit neuen Bekanntschaften beschäftigen, aber dann ggf. mit einem aktiven Wut- oder Glücksrausch reagieren. Das ist, was die frühere Zigarettenwerbung mit dem Cartoon-Männchen meinte, dem ständig irgendwelche Missgeschicke passierten und er dann entsprechend eben buchstäblich in die Luft ging. Die intravertierte Persönlichkeit dagegen lässt sich mit dem von Franz Lehár stammenden Arientext: „Denn wie's da drin aussieht, geht niemand was an. Ich kann es nicht sagen, ich sage es nie" gut umreißen.

Treffender als die Schwarz-Weiß-Einteilung in A- und B-Typen ist die Vorstellung eines Kontinuums.

Auswirkung auf die Gesundheit

Hier beginnt dann auch das Problem mit der sinnvollen Freizeitgestaltung und Umweltbewältigung unserer Hunde: Während wir dem A-Typ anhand von eindeutigen Belastungsanzeichen im Verhalten sehr schnell ansehen, wenn es ihm zu viel wird, kann der B-Typ im eigenen Saft schmoren und es ist nur durch sehr feinfühlige Beobachtung seiner Körperhaltung, seiner Augen, seines Fellzustandes etc. möglich, auf sein Inneres Rückschlüsse zu ziehen. Es erscheint also nur so, als ob der B-Typ mit stoischer Ruhe alle möglichen Belastungen ertragen würde. Leider ist dies hormonell absolut nicht sicher, sodass u. U. die krankmachenden Wirkungen des Cortisols (erhöhte Infektionsanfälligkeit, erhöhte Anfälligkeit für Stoffwechsel- oder Nierenerkrankungen, erhöhte Anfälligkeit für Tumore) bereits vorliegen können. Beim A-Typ dagegen, wenn es zu gesundheitlichen Problemen kommt, werden diese meistens durch starken Gewichtsverlust trotz ausreichender Nahrungsaufnahme (teilweise trotz doppelter oder dreifacher Tagesfuttermenge) oder im schlimmsten Fall durch Erkrankungen des Herz- und Gefäßsystems offenkundig. Der B-Typ dagegen, der unter Dauerbelastung steht, weist möglicherweise Fellprobleme auf oder zeigt eine erhöhte Anfälligkeit für Infektionskrankheiten. Damit es aber so weit nicht kommt, ist gerade für diese Typen die gute Beobachtung ihres Ausdrucksverhaltens unwahrscheinlich wichtig und präventiv sollte immer mit Entspannungsmanagment gearbeitet werden (siehe S. 128).

„A und B sind keine Qualitätsklassen, sondern unterschiedliche Strategien, mit der Umwelt umzugehen."

Auswirkung auf das Lernen

Aber auch im Alltagslernen sind die beiden Typen durchaus unterscheidbar: Der A-Typ motiviert sich in der Regel selbst. Solange er mit einer Arbeit beschäftigt ist und solange ihm eine Aufgabe lösbar erscheint, ist für ihn oft sogar der Weg eher das Ziel. Der B-Typ dagegen ist oftmals eher skeptisch, und da er auch häufig dem pessimistischen Grundtyp angehört, benötigt er zwischendurch immer eine Motivation. Nicht so sehr, weil er als „Dünnbrettbohrer" schnell aufgibt, sondern weil er als bedächtiger Bedenkenträger eben mit einer gründlichen Portion Skepsis ausgestattet ist, die ihn sehr schnell zweifeln lässt, ob er sich denn überhaupt auf dem richtigen Weg befindet.

Bemerkenswert ist, dass diese Persönlichkeitsunterschiede offensichtlich nicht nur bei vielen Wildtieren, sondern auch bei unseren Haushunden durchaus von der Umgebung abhängig sind, in der sie heranwachsen. Eine erste, auf kleiner Stichprobe von etwas über 100 Hunden durchgeführte Vorabanalyse von Britta Strüwe (Knezevic et al. 2015) in unserem Team ergab, dass bei Hunden aus dem Auslandstierschutz die Zahl der B-Typen grundsätzlich höher liegt als bei Hunden aus dem Inlandstierschutz. Noch deutlicher ist dies, wenn wir Hunde aus dem Balkan oder aus dem östlichen Mittelmeerraum mit solchen aus dem westeuropäischen Festlandstierschutz vergleichen. Hunde aus dem spanischen oder auch italienischen Festlandstierschutz haben oft eine ähnliche Vorgeschichte wie Hunde aus deutschen Tierheimen. Hunde aus dem osteuropäischen, südosteuropäischen oder östlichen Mittelmeerraum dagegen sind oftmals wirklich ehemalige Straßen- oder Dorfhunde. Und dort ist die Gefahr einfach größer, man muss vorsichtiger und bedächtiger an Probleme herangehen. Das wiederum befördert, wie auch Untersuchungen an amerikanischen Präriefüchsen zeigen, die bedächtigere vorsichtigere B-Typ-Mentalität. Präriefüchse, die im Rahmen eines Naturschutz-

Persönlichkeitsunterschiede sind auch durch die Lebensumgebung bedingt.

projektes ausgewildert wurden, wurden vorher auf ihre Persönlichkeitstypen untersucht (Bremner-Harrison et al. 2004, Bremner-Harrison & Cypher 2011). Danach ließ man sie frei und fing sie nach ein oder zwei Jahren zu einer Kontrolluntersuchung wieder ein. Spannend war: Die Füchslein, die im Vorstadtbereich in unmittelbarer Nähe menschlicher Siedlungen ausgesetzt wurden oder dortblieben, behielten auch sehr viel mehr ihre wagemutige Grundpersönlichkeit. Diejenigen, die dagegen in der offenen Prärie (mit vielen Fressfeinden, Schlangen, Gifttieren usw.) ausgesetzt wurden, entwickelten sich viel mehr in Richtung des bedächtigen Bedenkenträgertyps. Entsprechende Befunde existieren auch bei einer Vielzahl anderer Wirbeltiere – von Affen über Fische, Eidechsenartige und Vögel. Abschließen soll noch einmal betont werden, dass A und B keine Qualitätsklassen sind, sondern unterschiedliche Strategien zur Lösung von unterschiedlichen Umweltproblemen. Für uns ist jedoch wichtig, dass wir die Grundpersönlichkeit unseres Hundes einigermaßen erkennen. Auch im Umgang mit uns und mit der Umwelt bringen sie nämlich unterschiedliche Anforderungen mit sich.

Konfliktdeeskalation bei sozialen Unstimmigkeiten

Auf den nächsten Seiten wollen wir besprechen, mit welchen Verhaltensweisen Hunde in Konflikt- oder Belastungssituationen reagieren und auch, wie sie dabei ihrer Gefühlslage Ausdruck verleihen.

1

Die Kenntnis solcher Signale sollte jeder Mensch, der einen Hund als Kumpan hat, zumindest ansatzweise beherrschen. Nur so können wir unseren Hund verstehen und Missverständnisse vermeiden. Genaue Abbildungen zu vielen dieser Signale finden sich in dem bildreichen Buch „Hundeverhalten" von Barbara Handelman (Handelman 2010).

Zum einen sind in diesem Kontext die **Belastungsmerkmale** relevant (S. 150). An ihnen lässt sich ablesen, ob ein Hund eine Situation als belastend empfindet und vor allem, wenn man seinen Hund gut kennt, wie sehr er belastet ist.

Zum anderen zählt das **Beschwichtigungsverhalten** (S. 166) zu diesen Verhaltensweisen: Hier versucht ein Tier durch Deeskalation ein möglicherweise oder wirklich miss- oder miesgelauntes Gegenüber zu besänftigen (Wosegien & Lamprecht 1989). Des Weiteren sind die verschiedenen Formen des **Übersprungverhaltens** (auch Verlegenheitsgesten) zu berücksichtigen. Übersprungverhalten zeigt an, dass ein Tier im inneren Konflikt zwischen zwei widersprüchlichen Motivationen steht und gerade selbst nicht weiter weiß. Sich-Schütteln, hektisches Kratzen, wahrscheinlich bisweilen auch Gähnen gehören dazu. Und es gibt die **Abbruchsignale** (Kehr & Fischer 2015): Hier wird dem Gegenüber signalisiert, dass man dessen derzeitiges Verhalten nicht gut findet, und er/sie es daher am besten unterlassen möge – um des lieben Friedens willen.

Der Umgang mit und das Verständnis dieser verschiedenen hundlichen Verhaltensweisen in Konflikt- und Belastungssituationen ist absurderweise unter Hundemenschen verschiedener Denkrichtungen ganz besonders konfliktgeladen und führt

2

1. Reicht ein Abbruchsignal der niedrigsten Eskalationsstufe nicht aus (hier Lefzen anheben und leises Knurren), …

2. … folgt ein Abbruchsignal der nächst höheren Eskalationsstufe …

regelrecht zu Eskalationen in der Diskussion. Nicht unschuldig daran dürfte sein, dass in der Vergangenheit viele Hundebücher diese ethologisch-funktional ganz unterschiedlichen Kategorien in einen Topf geworfen haben. Da wird dann Gähnen als Beschwichtigung betrachtet oder ein ganz normales Höflichkeitsverhalten wie Ausweichen ebenso. Im Folgenden soll hier etwas Klarheit geschaffen werden.

ABBRUCHSIGNALE

Zuerst zurück zu den sogenannten Abbruchsignalen: Sie werden, und das zeigen unsere Studien an Hunden (Kehr & Fischer 2015, Gansloßer 2015) ganz deutlich, immer dann eingesetzt, wenn das Verhalten eines Gegenübers potenziell zu einer gefährlicheren, weil eskalierenden, Auseinandersetzung führen könnte. Wenn ein Hund, ein Wolf oder ein anderer Hundeartiger seinen Artgenossen über Gebühr nervt, hat dieser durchaus das Recht, dagegen zu protestieren. Und gerade in stabilen, etablierten Rangordnungen kommen diese Proteste auch sehr häufig von unten nach oben. Auch der Untergeordnete hat also das Recht, den oder die Übergeordnete darauf hinzuweisen, dass er gerade vom Verhalten des Vorgesetzten gewaltig genervt ist. Ebenso wird gerade in stabilen Rangordnungen und von emotional stabilen und souveränen Ranghöheren dieses Verhalten dann auch akzeptiert und der Untergeordnete darf seine Privatsphäre und seine individuelle Handlungsbereitschaft behalten. Nur während der Etablierung von neuen, sich noch ausbildenden Rang- und Dominanzbeziehungen kommt es schon einmal vor, dass der Ranghöhere sich solche Proteste verbittet.

3

3. … (hier Luftschnappen & Distanzverringerung).

4. Das ist beim Gegenüber angekommen.

5. Der nächste unterwürfige Annäherungsversuch wird gestattet. Lektion gelernt, Versöhnung angebahnt.

Ein unter Hunden typisches Abbruchsignal ist das Knurren. Eine befreundete Hundetrainerin sagte einmal: „Einem Hund das Knurren zu verbieten, ist wie beim Rauchmelder den Akku zu entfernen". Dem ist eigentlich nichts hinzuzufügen. Ein Hund, der knurrt oder durch Fixieren, gegebenenfalls auch durch einen Scheinvorstoß, sein Missfallen ausdrückt, will eben gerade diskutieren und eine eigene Meinung zum Thema kundtun. Man muss diese ja nicht unbedingt teilen und man muss nicht jedes Mal den Rückzug antreten, wenn das Gegenüber eine solche Protestnote veröffentlicht. Aber man muss sie zumindest zur Kenntnis nehmen. Untersuchungen an Hunden (seien es sogenannte Straßenhunde, seien es Hunde in Pensionsgruppen, bei Hundetreffen oder in anderen sozialen Umgebungen) zeigen deutlich, dass die Gegenüber auf solche Signale normalerweise reagieren (siehe hierzu beispielsweise Kehr & Fischer 2015). Nur selten wird ein solches Signal vom Empfänger ignoriert und dann kommt eben die nächste, etwas deutlichere Ansage.

Abblauf von Abbruchsignalen

Abbruchsignale können in mindestens drei Eskalationsstufen ablaufen, wobei die erste niedrigste Stufe ohne eine Verringerung der Distanz geschieht, die nächsthöhere ebenfalls noch auf Distanz, aber bereits mit einer kurzfristigen Unterschreitung des derzeitigen Abstands (z. B. ein Scheinvorstoß oder ein Luftschnappen), und erst die dritte Stufe geht mit kurzer körperlicher Berührung, z. B. einem Anrempeln, Anstupsen oder auch einem leichten Fellzwicken einher.

Nebenbei bemerkt: Die bei vielen Hundeleuten immer noch weit verbreitete Praxis des Schnauzgriffs ist unter Hunden in stabilen sozialen Situationen so selten, dass sie in unseren Statistiken überhaupt nicht vorkommt. Und ein Nackenschütteln

kommt im sozialen Kontext ebenfalls nicht vor. Dieses Verhalten stammt aus dem Beutefang und wird als symbolische Tötungsabsicht höchst problematisch.

Versöhnung nach einem Konflikt

Letztlich ist gerade bei Hundeartigen nach einem Konflikt die Versöhnung wichtig, um weiterhin zusammenleben zu mögen (Mehrabani et al. 2015, Zusammenstellungen über Versöhnungsverhalten finden sich in Gansloßer & Kitchenham 2012 oder Miklósi 2015).
Versöhnung ist definiert als das vermehrte Auftreten affiliativer Verhaltensweisen zwischen zwei Individuen nach einer agonistischen Interaktion, verglichen mit einer nicht-agonistischen (siehe S. 149). Das bedeutet, dass sich zwei Kontrahenten unmittelbar bis wenige Minuten nach einer Auseinandersetzung erneut mit positiven oder freundlichen Verhaltensweisen annähern. Sowohl „Gewinner" als auch „Verlierer" des Konflikts leiteten die Versöhnung gleichermaßen oft ein. Ebenso konnten keine Zusammenhänge zwischen Rangposition, Geschlecht oder Schärfe der Auseinandersetzung und dem Initiieren von Versöhnungsverhalten gefunden werden. Versöhnungsverhalten konnte bei unterschiedlichen Arten der Gattung *Canis* beobachtet werden. Besonders aber Wölfe und Hunde, die in größeren Gruppen zusammenleben, haben ein großes Interesse daran, die Spannungen im Rudel so gering wie möglich zu halten und belastete soziale Beziehungen nach einer Auseinandersetzung zu pflegen.

„Der Abbruch einer Verhaltensweise endet nicht nach dem Abbruchsignal, sondern erst nach der Versöhnung."

1

BESCHWICHTIGUNGS-SIGNALE

Auch eine andere Kategorie des sozialen Kommunizierens im Konfliktzusammenhang führt häufig zur Eskalation unter menschlichen Diskussionsteilnehmenden: der Umgang mit Beschwichtigungssignalen. Beschwichtigungssignale existieren, das ist unbestreitbar. In Untersuchungen an verschiedenen Tierarten (Gansloßer 2020, Gansloßer et al. 2020) können wir erkennen, dass solche Signale der Deeskalation und der Konfliktvermeidung oder -abwendung dienen. Auch bei Hunden gibt es solche, eindeutig als Beschwichtigungssignale verbreiteten Verhaltensweisen, z. B. das **Pfotenheben**, das **Sich-klein-Machen** und die **Leckintention** (S. 166). Viele Signale jedoch wurden zu Beschwichtigungssignalen erklärt, ohne dass deren verhaltensbiologische Bedeutung eindeutig geklärt wurde. In manchen Fällen, z. B. beim Gähnen, wurden sogar eine Reihe von Studien angefertigt, die genau das Gegenteil belegen: Gähnen kann Stimmungsübertragung sein, genau wie bei uns Menschen, es kann Verlegenheit zum Ausdruck bringen, aber als Beschwichtigungssignal ist es denkbar ungeeignet, denn es ist von Außenstehenden in der Form nicht eindeutig einer Bedeutung zuzuordnen (siehe Buttner & Strasser 2014 oder Silva et al. 2013). Sogar die Vorderkörpertiefstellung wurde schon als Beschwichtigungssignal fehlinterpretiert. Nun könnte man durchaus argumentieren, dass jeder Hundemensch selbst das Recht hat, sich seine alternativen Fakten über die Kommunikation seines Hundes zurechtzulegen. Jedoch sind die falsch verstandenen, eben nicht beschwichtigend wirkenden Signale hier denkbar ungeeignet für solche alternativen Faktenkonstrukte, weil

Beschwichtigungssignale dienen der Deeskalation und Konfliktvermeidung oder -abwendung.

2

ihr Einsatz durchaus zu ungewollten und die Situation verschlimmernden Konsequenzen führen können.
Will man beispielsweise in einem Konfliktfall, in den der eigene Hund mit einem fremden Hund geraten ist, das Beschwichtigungsverhalten seines Hundes unterstützen und gähnt dafür ausdrücklich, so signalisiert man damit vielmehr Verlegenheit. Damit lässt man seinen Hund dann im Regen stehen und demontiert seine Führungskompetenz. Denn der Hund erwartet von seinem Menschen als Leittier, in konfliktträchtigen oder gar gefährlichen Situationen Führungskompetenz zu erweisen und nicht die eigene Unsicherheit zur Schau zu tragen.

ÜBERSPRUNGVERHALTEN

Situationen, in denen man beim Hund Verlegenheitsgesten (also Übersprungverhalten) sieht, sind z. B. Situationen, in denen ein Hund nicht weiß, ob er sich etwas oder jemandem nähern oder sich distanzieren soll oder auch Situationen, in denen der Hund etwas tun möchte, sich aber nicht recht traut. Aber auch im folgenden Kontext findet sich manchmal Übersprungverhalten: Wenn ein Hund in einer Lernsituation, bei einer Problembewältigung oder ähnlichen Aufgabenstellungen kurzfristig eine gewisse Verlegenheit signalisiert, dann kann das auch nichts weiter als ein Ausdruck des intensiven Nachdenkens sein. Kaum ein Mensch wird doch hoffentlich auf die Idee kommen, jeden Prüfling in einer mündlichen, schriftlichen oder praktischen Prüfung sofort wegen Prüfungsunfähigkeit aus dem Rennen zu nehmen, wenn der- oder diejenige sich mal kurz am Kopf kratzt, die Krawatte zurechtzupft oder andere Verlegenheitsgesten zeigt. Ein Hund, der in dieser Situation durch Übersprungverhalten zeigt, dass er momentan noch keine Problemlösung hat, ist vielleicht gerade intensiv am Nachdenken. Gleiches gilt im Übrigen auch für Anzeichen von moderater Belastung oder Verunsicherung in einem solchen Kontext.

1. Leckintention als Beschwichtigungssignal

2. Sich-klein-Machen als Beschwichtigungssignal

BELASTUNGEN

Über den Zusammenhang zwischen Belastungssituation und Lernerfolg gibt es verschiedene Untersuchungen, die eine lern- und problemlösungsfördernde Wirkung von milden Belastungen bestätigen. Eine gute Übersicht dieser Untersuchungen gibt Barbara Schöning in Schüler und Püschel (2015). Aufgaben sollten nicht langweilig sein und eine Möglichkeit, Langeweile vorzubeugen ist eine milde Drohkulisse des Scheiterns. Sie muss nur für das Individuum immer noch bewältigbar sein! Kennt man seinen Hund also gut genug, kann man auch durchaus mit einer leichten Verunsicherung, mit einer milden, aber bewältigbaren Belastung arbeiten, um den Hund zu einer verstärkten Motivation der Problemlösung zu bewegen. Wer also z. B. das Lieblingsspielzeug seines Hundes auf dem Schrank versteckt, wenn der Hund die Möglichkeit hat, es durch eigene kreative Lösungen herunterzuholen, und hinterher zur Belohnung mit ihm ein tolles Spiel anfängt, aber, sobald der Hund aufgibt, einfach nur „Schade" sagt, das Spielzeug einsteckt und wortlos weitergeht, der handelt durchaus neurobiologisch im besten Sinne. Eine milde Drohkulisse des Scheiterns („Wenn ich das Spielzeug nicht irgendwie bekomme, gibt's auch kein Spiel"), verbunden mit einer heftigen, dann durchaus auch im Dopaminrausch endenden Siegesparty nach erfolgreicher Problemlösung ist neurobiologisch immer noch einer der besten Lernanreize. Das gilt auch für Menschen, unter der Voraussetzung, dass sie eben Zeit, Muse und auch die notwendige Freiheit der Entscheidung haben, um auf eigenen Lösungs-

1. Belastungsmerkmale: Zurückweichen, angespannter Körper, angespannte Gesichtszüge.

2. Herausforderung bewältigt!

1

2

wegen individuell die Problemlösung zu betreiben. Im großen Klassenverband (egal ob 20 Kinder oder mehr als sechs Hundeschulteams) kann das nicht funktionieren, im Einzel- oder Kleingruppenunterricht aber durchaus. Und nur dann dürfen solche, auch auf neurobiologischen und belastungsorientierten Kriterien aufgebaute Lehr- und Ausbildungsstrategien angewandt werden. Dabei darf Belastung – das soll hier noch einmal ausdrücklich betont werden – immer nur moderat und kurzfristig vorliegen und der Hund sollte diese entweder selbstständig oder aber gegebenenfalls durch die Unterstützung seines Menschen bewältigen können. Wir sollten im Hinterkopf behalten, dass das Leben an sich schon viele Belastungen bereithält und man mit eigens geschaffenen Belastungen aus diesem Grund umsichtig umgehen sollte. **Wenn Belastungen längerfristig vorliegen und zudem nicht bewältigbar sind, so sprechen wir mit Donald Broom (2001) nicht mehr von Belastung, sondern von krankhaftem Stress. Und solchen gilt es auf jeden Fall zu vermeiden!** Zu guter Letzt: Ganz eindeutig voneinander abgrenzen lassen sich viele der angesprochenen Verhaltenssignale nicht, solange sie einzeln betrachtet werden. Das wäre auch zu einfach. Es kann nicht oft genug betont werden, dass das Ausdrucksverhalten des Hundes immer im Kontext der Situation zu beurteilen ist. Bei uns Menschen ist es genauso. Eigentlich wissen wir also, wie dies geht.

Abbruchsignale zählen zu den agonistischen Verhaltensweisen (hier Eskalationsstufe zwei und drei; vgl. S. 144)

AFFILIATIV UND AGONISTISCH

Affiliative Verhaltensweisen sind solche, die der freundlichen Kontaktaufnahme dienen. Agonistische Verhaltensweisen hingegen umfassen alle Verhaltensweisen, die mit Auseinandersetzungen verbunden sind. Damit gehört nicht nur aggressives Verhalten dazu, sondern auch andere Verhaltensweisen wie Verteidigungs-, Flucht- oder Meideverhalten.

Stark zurückgelegte Ohren, abgesenkter steifer Kopf, angespannte Gesichtszüge inklusive Maulbereich, glatte Stirn, abgespreizte Barthaare

BEOBACHTUNGSÜBUNG: BELASTUNGSMERKMALE

Ziel der Übung: Belastungsmerkmale wahrnehmen und einschätzen lernen

Überall in der Lebensumwelt eines Welpen warten Reize darauf, entdeckt zu werden, Situationen darauf, sich mit ihnen auseinanderzusetzen. Das dies nicht immer ohne Belastung vonstattengeht, ist vollkommen normal. Nicht jede Belastung ist grundsätzlich negativ zu beurteilen und schon gar nicht ist ein Leben ohne Belastungen realistisch, wie wir am eigenen menschlichen Leib erfahren. Doch auf keinen Fall sollte eine Belastung über einen längeren Zeitraum anhalten. Es sollte immer Lösungen geben und ein zumindest belastungsarmes Leben erscheint nicht nur uns Menschen erstrebenswert.

Diese Beobachtungsübung soll Ihre Wahrnehmung für die Belastungsmerkmale Ihres Welpen schulen und Sie damit auch in die Lage versetzen, besser einschätzen zu können, wie groß die Belastung für Ihren Welpen ist. Wichtig ist es hierbei zu beachten, dass Hunde Belastung ganz unterschiedlich nach außen tragen, wie wir bereits gesehen haben. Lernen Sie also auch in dieser Hinsicht Ihren Hund gut kennen. Wenn Sie eine gute Wahrnehmung der individuellen Belastungsanzeichen Ihres Hundes entwickeln, werden Sie mit der Zeit auch einschätzen können, wie stark Ihr Hund belastet ist und wie lange er für die Bewältigung der Belastung braucht.

Die folgenden Belastungsmerkmale sind eine Zusammenstellung der Auflistung von Barbara Handelman (Handelman 2010). Die Zusammenstellung beinhaltet auch Merkmale, die von Hunden gezeigt werden, wenn Belastung gar keine Rolle spielt, wie z. B. das Niesen. Wichtig ist also wiederum der Kontext. Niest Ihr Hund entspannt liegend im Wohnzimmer und Ihr Sohn hat sich gerade ausgerechnet im Wohnzimmer mit seinem neuen Sprühdeodorant eingesprüht, ist es sehr wahrscheinlich, dass Ihr Hund aufgrund des Geruches, der ihn in der Nase kitzelt, niest und das Niesen in diesem Fall kein Belastungsmerkmal ist – wobei sich bei einem zu schrecklichen Deo auch durchaus über Belastung diskutieren ließe.

KOPF

Augen

— Blinzeln
— aufgerissene Augen
— große Pupillen
— starrer Blick

Ohren

— (stark) zurückgelegte Ohren

Stirn

— glatte Stirn

Maulbereich

— angespannter Maulbereich
— abgespreizte Barthaare
— Schnauzenlecken
— Niesen
— Gähnen
— Hecheln und Speicheln

Kopf gesamt

— angespannte Gesichtszüge
— steifer Kopf

KÖRPER

— aufgekrümmter Körper
— niedriger oder eingeklemmter Schwanz
— steifer, angespannter Körper
— Pfote anheben
— schwitzende Pfoten
— Kratzen
— Schütteln
— Strecken
— Zittern
— Haarausfall und Schuppen

BEWEGUNG

— vorsichtiges/zögerliches Annähern
— Zurückweichen
— steifer Gang

Gähnen bei Belastung. Weitere Merkmale: zurückgelegte Ohren, abgespreizte Barthaare, aufgekrümmter Körper bzw. abgesenkter Kopf.

Hecheln bei Belastung. Weitere Merkmale: stark zurückgelegte Ohren, starrer Blick, abgespreizte Barthaare, angespannte Gesichtszüge.

Die Beobachtungsaufgaben

Ort/Situation: Während der praktischen Übungen „Gruselig? Das schaffen wir!“ (S. 153) und „Lass mich mal schauen“ (S. 158).
Was Sie brauchen: Smartphone

Aufgabe 1: Führen Sie die praktische Aufgabe „Gruselig? Das schaffen wir!“ durch (siehe nächste Übung). Filmen Sie sich und Ihren Hund dabei bzw. lassen Sie sich filmen. Suchen Sie im Anschluss auf den Videoaufnahmen Belastungsmerkmale Ihres Hundes. Notieren Sie die Merkmale.

KOPF	KÖRPER	BEWEGUNG

Aufgabe 2: Führen Sie die praktische Aufgabe „Lass mich mal schauen“ durch (siehe S. 158). Filmen Sie sich und Ihren Hund dabei bzw. lassen Sie sich filmen. Suchen Sie im Anschluss auf den Videoaufnahmen Belastungsmerkmale Ihres Hundes. Notieren Sie die Merkmale.

KOPF	KÖRPER	BEWEGUNG

Aufgabe 3: In welchen Situationen entdecken Sie bei Ihrem Hund im Alltag Belastungsmerkmale? Beispiele wären Autofahren, Hundebegegnungen, unbekannte Gegenstände, fremde Personen, Geräusche …

SITUATION	KOPF	KÖRPER	BEWEGUNG

PRAXISÜBUNG: GRUSELIG? DAS SCHAFFEN WIR!

Hintergrund der Übung

Mithilfe dieser Übung lernen Sie, wie Sie Ihren Hund mit neuen und potenziell furchteinflößenden Reizen vertraut machen können. Dadurch erlangt Ihr Hund Selbstvertrauen und eine erhöhte Umweltsicherheit, die es ihm im Alltag ermöglichen, in den unterschiedlichsten Situationen ruhig und gelassen zu bleiben. Dies wird Ihren Hund und Sie zusammenschweißen, denn er lernt auch, dass er sich in furchtvollen Situationen an Sie wenden kann und Sie ihn bei der Bewältigung der Situation unterstützen. Situationen, die zunächst neu für den Hund sind und in denen er sich überwinden muss, sind ein notwendiger Bestandteil des Lebens, steigern bei erfolgreicher Bewältigung die Leistungsfähigkeit, verbessern die Anpassungsfähigkeit und optimieren die Stressantworten. Demgegenüber führt nicht zu bewältigender Stress zu reparablen, aber auch irreparablen Schäden, ist verantwortlich für Verhaltensauffälligkeiten und -störungen sowie für den Verlust sozialer Kompetenzen (Näheres hierzu in Gansloßer & Kitchenham 2015 oder Krivy & Lanzerath 2009). Lernen Sie mit Ihrem Welpen alles kennen, was ihm im späteren Leben begegnen könnte, dann ist er optimal vorbereitet. Hierzu zählen zum einen Reize der belebten Umwelt (wie Artgenossen, Menschen oder andere Tiere), zum anderen aber auch Reize der nicht-sozialen oder unbelebten Umwelt wie Gegenstände, Geräusche oder Gerüche. Gönnen Sie Ihrem Welpen unbedingt nach dem Kennenlernen eines neuen Reizes Ruhe und stolpern Sie nicht von einer aufregenden Situation in die nächste!

Vorbereitung der Übung

Für diese Übung ist keine große Vorbereitung notwendig. Sie können jederzeit üben, sobald Sie merken, dass Ihr Hund auf einen speziellen Reiz unsicher reagiert oder sich gar fürchtet.

„Hundewelpen sollten Herausforderungen erleben, da diese langfristig gesehen positive Auswirkungen auf das Verhalten haben, jedoch nicht überfordert werden.“

Gerda gibt die Geschwindigkeit vor.

Durchführung der Übung

Kennenlernen in gebührendem Abstand: Um Überforderung zu vermeiden, sollte das Kennenlernen immer mit genügend Abstand oder auf einem niedrigen Erregungsstand stattfinden. Zusätzlich dürfen Sie Ihren Welpen niemals bedrängen oder den Kontakt mit dem furchteinflößenden Gegenstand erzwingen.

Gemeinsame Annäherung, Hund gibt Geschwindigkeit vor: Sie und Ihr Hund nähern sich der Reizquelle immer gemeinsam, wobei aber Ihr Hund die Geschwindigkeit des Annäherns vorgibt und sich auch selbstständig wieder vom Reiz entfernen darf, wenn er es möchte. Einige Hunde nähern sich hierbei bogenförmig an die „Gefahrenquelle" an. Hierbei dürfen Sie Ihren Hund nicht an Ort und Stelle festhalten, sondern gehen diese Bewegungen mit ihm mit. Alternativ können Sie auch mit mutigem Beispiel vorangehen – diese Entscheidung sollten Sie individuell und der jeweiligen Situation entsprechend treffen.

Stimmungsübertragung beachten: Bleiben Sie während der gesamten Übung ruhig und gelassen, nehmen Sie jedoch die Furcht Ihres Welpen ernst. Denn bei älteren Welpen, besonders mit einer individuellen Bindung zu ihrem Menschen, spielt die Stimmungsübertragung eine wichtige Rolle: Vermitteln Sie Ihrem Welpen also, dass von dem Gegenstand tatsächlich keine Gefahr ausgeht, indem sie sich souverän verhalten. Mitleid ist an dieser Stelle fehl am Platz, denn hierdurch würden Sie Ihrem Hund vermitteln, dass der Gegenstand tatsächlich gefährlich ist. Loben Sie jedes Herantasten Ihres Hundes an den furchtauslösenden Gegenstand und unterstützen Sie ggf. durch Streicheln oder Leckerligabe. Sobald Ihr Welpe die Annäherungsversuche unterbricht, unterbrechen Sie das Loben. Nimmt Ihr Welpe die Annäherung wieder auf, loben Sie ihn wieder. Heranziehen, Zwang oder Druck sind in einer solchen Situation nicht nur unangebracht, sondern auch kontraproduktiv und versprechen ausschließlich Misserfolge.

Sie nähert sich in einem Bogen an.

Alles braucht Zeit: Es kann vorkommen, dass Ihr Welpe sich so sehr vor der Annäherung an den Gegenstand fürchtet, dass diese in einem Schritt nicht möglich ist. Und das ist in Ordnung! Sie sollten daher Ihren Hund genau im Blick behalten und die Merkmale von Belastung und Überforderung erkennen (siehe S. 142, 150). Legen Sie dann eine Pause ein und begeben Sie sich in eine für den Hund erträgliche Nähe zum Gegenstand. Dort können Sie ihn mithilfe eines Spielzeugs zum Spielen motivieren oder durch Wohlfühlmassagen beruhigen.

Übung positiv beenden: Scheint die Furcht in diesem Moment unüberwindbar zu sein, so brechen Sie und Ihr Welpe die Aufgabe nicht einfach ab, denn gerade Übungen zur Desensibilisierung sollten immer mit einem positiven Erlebnis enden. Begeben Sie sich in eine für den Hund erträgliche Entfernung zum furchtauslösenden Reiz und beenden die Übungseinheit dort. Achten Sie darauf, dass Ihr Hund mit dem Reiz niemals tatsächlich negative Erfahrungen verknüpft, was geschehen würde, wenn die Übung abgebrochen würde. Bleibt allerdings eine positive oder neutrale Erinnerung an den Gegenstand, so wird es Ihrem Welpen beim nächsten Mal leichter fallen, sich diesem zu nähern.

Blickkontakt beim Nachschauen, was in der Tüte steckt.

Das ist wirklich gruselig!

GRUSELIG? DAS SCHAFFEN WIR! – IM ALLTAG

Im Alltag wird es immer Situationen geben, in denen Ihr Welpe sich vor etwas fürchtet und in denen Sie Ihrem Hund unterstützend zur Seite stehen sollten. Gehen Sie in solchen Situationen mit viel Ruhe und Geduld an die Übung heran. Sie sollten ebenfalls immer den „gefährlichen Gegenstand" im Auge behalten, wenn dieser nicht starr und statisch ist. Eine Mülltonne wird sich eher selten von allein auf den Hund zubewegen und diesen damit einschüchtern. Ist der Konfliktherd jedoch ein Mensch oder ein anderer Hund, so sollten Sie darauf achten, dass diese sich Ihrem Hund nicht nähern, sondern hieraus eine Übung machen, bei der Ihr Hund eben die Bedingungen des Annäherns bestimmt. Ist die Person gegenüber nicht bereit, eine Weile ruhig stehen zu bleiben, sollten Sie einen großen Bogen um die Situation machen und sich ggf. mit Bekannten verabreden, mit denen Sie in aller Ruhe üben können. Auch augenscheinlich statische Gegenstände können Ihren Hund plötzlich erschrecken: Denken Sie an einen Springbrunnen, bei dem die Fontäne nicht mit gleichbleibender Intensität heraussprudelt, sondern spontan stärker oder schwächer wird. Bedenken Sie so etwas bei der Übung, denn wenn Ihr Hund sich dem Springbrunnen bereits bis auf zwei Meter genähert hat und dieser dann plötzlich durch eine große Fontäne Ihren Hund erschreckt, wird er zukünftig wahrscheinlich nicht mehr so gern auf Springbrunnen zugehen.

Kurz zusammengefasst

Lernziel Hund: Er kennt unterschiedliche Reize und kann furchtvolle Situationen mit Ihrer Unterstützung meistern.

Lernziel Mensch: Sie erkennen Belastungssignale bei Ihrem Hund und können ihn mit potenziell furchteinflößenden Reizen vertraut machen.

Aufbau der Übung

– Ihr Hund bestimmt die Bedingungen des Annäherns: Sie gehen seine Bewegungen mit und belohnen jede Annäherung an den Reiz durch Loben

– Alternativ können Sie mit mutigem Beispiel vorangehen, den Hund jedoch nicht an den Konfliktherd heranziehen

– Ist eine Annäherung in einem Schritt nicht möglich, so beenden Sie die Übung in einer für den Hund erträglichen Nähe zum Gegenstand und hinterlassen so ein positives oder zumindest neutrales Bild des Gegenstands im Gedächtnis des Hundes

1

2

3

1. + 2. Neugier und die Nähe des offensichtlich unbesorgten Menschen helfen, die Furcht zu überwinden.

3. Und dann gibt es ein „Küsschen“.

PRAXISÜBUNG: LASS MICH MAL SCHAUEN!

Hintergrund der Übung

Im Alltag kommt es häufig vor, dass der Mensch seinen Hund abtasten oder berühren muss – ob es sich um das Kämmen, das Abtrocknen nach dem Spaziergang an einem verregneten Tag oder das Untersuchen auf Verletzungen oder Ähnliches handelt. Hierzu sollten Sie schon früh beginnen, die Duldungsbereitschaft Ihres Welpen zu fördern (Krivy & Lanzerath 2009; Zulch & Mills 2012), denn alles, was er in einem entspannten Umfeld kennenlernt, ist im Ernstfall dann leichter zu ertragen. Ihr Hund lernt bei dieser Übung, dass er in manchen Situationen an allen Körperpartien berührt werden kann. Sie lernen Ihren Hund bei dieser Übung ebenfalls besser kennen, denn Sie wissen, welche Berührungen Ihr Hund mag und welche für ihn unangenehm sind. Müssen bei der tierärztlichen Untersuchung dann für Ihren Hund unangenehme Handlungen durchgeführt werden, können Sie ihn durch Wohlfühlmassagen beruhigen und ihn ruhig in dieser Situation anleiten.

Hunde haben oft das Bedürfnis, z. B. den Kamm zu untersuchen, bevor er benutzt wird.

Vorbereitung der Übung

Für diese Übung benötigen Sie ggf. Leckerlis und je nach Übungsaufbau unterschiedliche Utensilien wie einen Kamm, ein Handtuch oder einen Tisch.

Durchführung der Übung

Die Durchführung der folgenden Übungen bietet sich an, wenn Ihr Hund müde oder nicht allzu aufgeregt ist (Zulch & Mills 2012). Alle Übungen sollten nach kurzer Zeit aufgelöst werden und bei allen Übungen ist es wichtig, diese mit einem Erfolgserlebnis zu beenden. Hierzu müssen Sie Ihren Welpen sehr gut einschätzen können und die Situation auflösen, bevor er unruhig oder unsicher wird. Zwang hat bei dieser Übung nichts zu suchen. Verlangen Sie nicht zu viel auf einmal von Ihrem Hund und bringen Sie Geduld und Zeit mit.

Bürsten: Das Dulden oder im besten Fall sogar Genießen des Bürstens kann in diesem Zusammenhang gelernt werden. Es bietet sich an, den Welpen täglich für kurze Zeit zu bürsten, sodass er sich an die Bürste und das Bürsten als solches gewöhnt. Auch bei kurzhaarigen Hunden sollte

Gerade in unseren Breitengraden macht sich gelernte Entspanntheit beim Abtrocknen bezahlt.

diese Übung durchgeführt werden, um die Duldungsbereitschaft und sogar das Wohlbefinden des Welpen zu erhöhen. Achten Sie auf die richtige Wahl der Bürste. Besonders junge Hunde haben sehr weiches Fell, sodass die Zinken oder Borsten der Büste bis auf die Haut durchkommen. Wählen Sie daher Bürsten oder Kämme mit abgerundeten Zinken, die die Haut nicht verletzten. Für den Anfang können Sie auch eine Bürste für Kinder nutzen. Gerade bei Hunden mit langem Fell sollte hier ein intensives Gewöhnungstraining stattfinden, da das Kämmen und Bürsten sie ein Leben lang begleiten wird. Viele Hunde genießen das Bürsten sogar, denn hierbei wird ähnlich wie bei Wohlfühlmassagen Oxytocin ausgeschüttet, jedoch nur, wenn es eben auch als etwas Wohltuendes empfunden wird.

Abtrocknen: Bauen Sie die Übungseinheiten ähnlich wie bei Bürsten beschrieben. Üben Sie nicht, wenn Ihr Welpe wirklich nass ist und abgetrocknet werden muss, sondern beginnen Sie von Anfang an, dies entspannt zu üben. Hierzu nehmen Sie sich ein Handtuch, wenn der Welpe ohnehin schon müde ist. Nun streicheln Sie Ihren Welpen mit langen, langsamen Bewegungen mit dem Handtuch über den Körper und auch an den Pfoten entlang. Sorgen Sie für eine ruhige Atmosphäre, indem Sie keine Hektik aufkommen lassen. Zeigt Ihr Hund Entspannungsmerkmale (siehe S. 126), können Sie die Übung beenden. Somit schließen Sie die Übungseinheit positiv ab, denn Ihr Welpe verbindet Entspannung und Ruhe mit dem Handtuch. Zukünftig wird sich das Abtrocknen dann stressfrei und ruhig gestalten lassen.

Erst das Pfotegeben lernen, dann ist das Untersuchen der Pfote kein so großer Schritt mehr.

Tierärztliche Besuche: Hier muss der Hund oftmals auf den Untersuchungstisch. Auch daran können Sie Ihren Welpen schrittweise zu Hause gewöhnen. Hierzu führen Sie ein Signalwort ein (z. B. „Hopp" oder „Hoch") und lassen Ihren Hund kontrolliert auf ein Podest oder einen niedrigen Tisch steigen. Haben Sie einen kleinen Hund, können Sie ihn natürlich auch hochheben. Befindet sich Ihr Hund auf dem Tisch, wird er für ruhiges Stehen, Sitzen oder Liegen belohnt. Nach wenigen Sekunden lösen Sie die Situation auf, indem Sie Ihren Hund herunterheben oder heruntersteigen lassen. Letzteres natürlich nur, wenn keinerlei Verletzungsgefahr besteht (15 – 20 cm sind meist kein Problem, denn dies entspricht etwa der Höhe von Treppenstufen, die der Welpe im Alltag ohnehin selbstständig laufen dürfen sollte). Bauen Sie auch diese Übung schrittweise auf und verlängern Sie die Zeitspannen auf dem Tisch nur langsam.

Anfassen lassen: Auch das Abtasten gehört bei der tierärztlichen Untersuchung dazu. Daher sollten Sie auch dies mit Ihrem Welpen üben, indem Sie ihn abtasten, die Ohren oder die Pfoten anschauen und das Maul öffnen. Hierbei müssen die Berührungen nicht unbedingt denen entsprechen, die später tatsächlich durchgeführt werden. Sie können auch jede einzelne Zehe oder Kralle abtasten, den Schwanz mit leichtem (!) Druck anfassen usw. Achten Sie wieder darauf, dass Sie mit kurzen Übungseinheiten beginnen und die Übung nach wenigen Sekunden mit Lob und Entlassen des Welpen beenden.

Festhalten: Ihr Hund kann in Situationen kommen, beispielsweise bei einer tierärztlichen Behandlung, in denen er festgehalten werden muss. Dies kann ohne vorherige Übung für den Welpen eine höchst belastende Situation sein. Sie können auch dies zu Hause üben. Beginnen Sie, indem Sie ihn im Stehen oder Sitzen festhalten, wobei der Welpe allerdings keine Angst verspüren darf. Nach wenigen Sekunden (anfangs reichen hier zwei bis drei Sekunden aus) loben Sie Ihren Welpen und entlassen ihn mit dem Aufhebungssignal. Ob der Welpe nach dem Ende der Übung dann sitzen oder stehen bleibt, ist ihm überlassen. Achten Sie unbedingt darauf, dass Sie die Zeitspanne des Festhaltens nicht zu lange wählen, sodass Ihr Hund zu zappeln beginnt oder sogar mit aller Kraft versucht, sich zu befreien. Sollte dies doch passieren, halten Sie Ihren Welpen noch kurz fest und warten wenige! Sekunden, ob er sich wieder beruhigt. Ist dies der Fall, loben Sie ihn ruhig und geben ihn frei. Sollte Ihr Welpe sich allerdings nicht beruhigen, so lassen Sie ihn los, loben aber nicht und versuchen es später erneut. Hierbei sollten Sie dann darauf achten, die Zeitspanne des Festhaltens so kurz wie möglich zu wählen und mit einem Erfolgserlebnis zu enden.

Das Untersuchen auf Zecken und deren Entfernung erfordert längeres Stillhalten – selbst wenn es kurz zieht.

LASS MICH MAL SCHAUEN! – IM ALLTAG

Im Alltag sollten Sie die hier beschriebenen Übungen in kurzen Übungseinheiten mehrmals über den Tag verteilt durchführen. Verlangen Sie dabei aber nicht zu viel von Ihrem Welpen. Die Übungseinheiten für das Dulden von Abtrocknen, Kämmen, Abtasten und Festhalten müssen nicht direkt hintereinander stattfinden. Achten Sie darauf, dass Sie die Übungseinheit nach dem Signalwort auch wirklich beenden, denn nur dann kann der Hund das tatsächliche Ende der Übung mit dem Signalwort in Verbindung bringen. Wählen Sie die Zeiten zwischen den Übungseinheiten zu kurz, entlassen Ihren Welpen aus der Übung, rufen ihn aber beispielsweise eine halbe Minute später zu einer anderen Übung, so wird er nicht verstehen können, dass die Übungseinheit zuvor wirklich abgeschlossen war.

Kurz zusammengefasst

Lernziel Hund: Er bleibt bei Berührungen und Untersuchungen ruhig und lässt sich abtasten.
Lernziel Mensch: Sie kennen die Reaktionen Ihres Hundes auf bestimmte Berührungen.

Aufbau der Übung:

– Kämmen – den Welpen in entspannter Umgebung kurze Zeit kämmen und die Übungseinheit beenden, während der Welpe Entspannungsmerkmale zeigt
– Abtrocknen – den Welpen in entspannter Umgebung mit dem Handtuch sanft und langsam streicheln und die Übungseinheit beenden, während der Welpe Entspannungsmerkmale zeigt
– Tierärztliche Besuche – den Welpen auf einen Tisch heben oder springen lassen (Verletzungen dabei ausschließen!), kurz darauf verharren lassen, loben und die Übungseinheit beenden; Zeitspannen langsam schrittweise erhöhen
– Festhalten – den Welpen in entspannter Umgebung wenige Sekunden festhalten, loben und die Übungseinheit beenden; Zeitspannen langsam schrittweise erhöhen

Alles, was Ihr Welpe in einem entspannten Umfeld kennenlernt, ist dann im Ernstfall leichter zu ertragen.

Trainingsmethoden

Medical Training

Ein Beitrag von Sarah Mertes

SCHLUSS MIT „DA MUSS ER EINFACH DURCH!“

Medical Training ist eine Trainingsmethode, die vor allem aus dem Zootierbereich bekannt ist. Elefanten, die lernen, ihren schweren Fuß zu heben oder scheue Antilopen, die bereitwillig zu ihren Betreuenden kommen, damit ihnen Blut abgenommen werden kann, sind in Zoos keine Ausnahme mehr. Leider sieht das in vielen Kleintierarztpraxen anders aus.
Die im Zoo trainierte Kooperation mit dem Tier findet sich in Kleintierpraxen selten, stattdessen wird tiermedizinischen Fachangestellten und Tierärzt*innen schon in ihrer Ausbildung beigebracht, wie sie ihre Patient*innen bestmöglich fixieren, um einen schnellen und sicheren Behandlungsablauf zu ermöglichen. Die Folge: Die Hunde haben Stress, sobald sie die Tierarztpraxis betreten. Durch diesen Stress sind manche Untersuchungsergebnisse, wie z. B. Temperaturmessungen, Blutzuckermessung oder Blutproben ungenau. Manche Untersuchungen können sogar nur unter Narkose durchgeführt werden und stellen so eine zusätzliche körperliche Belastung für den Hund dar. Zudem kann das Vertrauen zur Bezugsperson gefährdet werden und die alltägliche Pflege durch die Bezugsperson Stress und Angst auslösen. Was im Zoo mit teilweise scheuen Fluchttieren funktioniert, sollte mit unseren sozialen und gern mit ihren Menschen kooperierenden Hunden doch erst recht möglich sein, oder?

Die tierärztliche Untersuchung kann geübt werden.

OPERANTE KONDITIONIERUNG

Die Methode des Medical Trainings funktioniert auch bei unseren Haushunden. Damit die tierärztliche und häusliche Pflege Ihres Hundes entspannt abläuft, ist es wichtig, Ihren Hund präventiv auf Behandlungsvorgänge vorzubereiten. Ein Baustein für das Medical Training stellt hierbei die operante Konditionierung dar. Dabei wird das erwünschte Verhalten über eine positive Konsequenz verstärkt.
So wird beispielsweise ein Elisabethkragen oder ein Body, der nach einer Operation oder Verletzung getragen wird, schon bevor Ihr Hund verletzt ist, mit einem positiven Gefühl verknüpft. Das Training sieht so aus, dass Sie Ihren Hund Schritt-für-Schritt an den Elisabethkragen heranführen, indem Sie jeden freiwilligen Kontakt mit dem Kragen mit Futter und verbalem Lob belohnen. Ihr Hund lernt mit der Zeit sogar freiwillig, seinen Kopf durch den Kragen zu stecken. Gleiches kann mit dem Body, dem Maulkorb oder anderen Hilfsmitteln aufgebaut werden. Ziel dabei ist, dass Ihr Hund den ersten Schritt auf das Hilfsmittel zugeht und die Kontrolle, wie schnell es ihm übergezogen bzw. angezogen wird, beim Hund liegt.

SIGNALE UND RITUALE

Ein weiterer Baustein im Medical Training ist der Einsatz von Signalen und Ritualen, die Ihren Hund auf eine bevorstehende Behandlung vorbereiten. Anstatt Ihren Hund z. B. ohne Vorwarnung festzuhalten (manchmal ist dies nötig), führen Sie im Medical Training ein Signal ein, das Ihrem Hund anzeigt, was jetzt als nächstes folgt. Dabei wird das neue Signal immer vor der Interaktion mit Ihrem Hund genannt, anschließend wird die Interaktion kurz durchgeführt und abschließend mit einer Belohnung verstärkt. Nach einigen Wiederholungen

Das Signal „Pfote“ lernen Hunde meist sehr schnell.

reagiert Ihr Hund nicht mehr überrascht, wenn Sie ihn z. B. berühren oder hochnehmen, sondern ist vorbereitet auf den Ablauf. Immer gleich ablaufende Handlungen, die zu einem Ritual werden, geben Ihrem Hund mehr Sicherheit. Achten Sie z. B. bei der regelmäßigen Fellpflege darauf, dass Sie den Ablauf des Bürstens beibehalten oder eine kurze Entspannungsübung vorab etablieren.

TRICKREICHE POSITIONEN

Das Lernen von Tricks und Positionen erleichtert eine tierärztliche Behandlung und die tägliche Pflege ebenfalls. Hierbei wird, wie im Training von Maulkorbtragen und Co., der Hund aktiv mit in die Untersuchungsschritte einbezogen, indem er selbst die geforderte Position einnimmt. Das kann z. B. das Pfote-Geben bei einer Blutabnahme sein, das Auf-die-Seite-Legen, Auf-den-Tisch-Springen oder Still-auf-der-Waage-Stehen. Dabei bekommt Ihr Hund wieder ein Stück Kontrolle über Tempo und Ablauf der Behandlung zurück. All diese „Tricks“ werden im Alltag spielerisch trainiert.

POSITIVER ERSTKONTAKT

Ebenfalls Teil des Medical Trainings ist der positive Erstkontakt zum Praxisteam und dem behandelnden Tierarzt oder der behandelnden Tierärztin. Eine gute Möglichkeit, den Erstkontakt positiv zu gestalten, ist ein Besuchstermin, an dem keine Behandlung erfolgt. Bei diesem Termin wird Ihr Welpe sowohl die Menschen, die ihn später behandeln werden, als auch die Praxisräume und so manche „gruseligen“ Gegenstände kennenlernen. Dabei darf und sollte die Interaktion mit dem Praxisteam spielerisch ablaufen und mit Futter und/oder Spielzeug begleitet werden. Wichtig ist, dass Sie bei diesem Termin die Neugier Ihres Welpen unterstützen, indem Sie ihn loben, sobald er etwas erkundet und sich traut, selbst einen Schritt auf Neues zuzugehen. Ihr Zuspruch als Bezugsperson ermöglicht Ihrem Welpen einen großartigen ersten Besuch.

Über die Autorin
Sarah Mertes ist Biologin (B. Sc.), zertifizierte Hundetrainerin und Gründerin von Pupy. Mit ihrer Hundetrainings-App „Pupy“ bietet sie Hundehaltenden die Möglichkeit, sich durch vielfältige Trainingsvideos für ihr Hundetraining inspirieren zu lassen. Darüber hinaus hält sie Seminare und Vorträge zu wissenschaftlichen Themen aus der Hundewelt und steht Mensch-Hund-Teams im Rhein/Ruhr-Gebiet beratend zur Seite.

WEITERE TIPPS FÜR DEN TIERARZTBESUCH

— Möglichst immer einen Termin machen, um lange Wartezeiten zu vermeiden.

— Falls Sie warten müssen, nach Möglichkeit draußen an der frischen Luft warten, um Stress im Warteraum zu vermeiden.

— Leckerlis und Spielzeug mitnehmen, um Ihren Hund nach der Behandlung zu belohnen oder während einer Behandlung abzulenken. Ein gefüllter Kong® oder eine Futtertube kann zusätzlich beim Stressabbau helfen, da das Schlecken eine beruhigende Wirkung auf Ihren Hund hat.

— Pheromonstecker, Sprays oder Halsbänder können sowohl beim Training als auch beim Transport zu einer tierärztlichen Behandlung zur Entspannung beitragen.

— Medical Training zum festen Bestandteil der Welpenerziehung machen.

1

BEOBACHTUNGSÜBUNG: BESCHWICHTIGUNGSSIGNALE

Ziel der Übung: „Leckintention“ als Beschwichtigungssignal wahrnehmen lernen

Zeigt ein Hund Beschwichtigungsverhalten (siehe S. 142), signalisiert er damit seinem Gegenüber (einem anderen Hund, einem Menschen oder auch z. B. einer Katze) seine Friedfertigkeit – sei es, um einen Konflikt zu entschärfen oder einem Konflikt von vornherein aus dem Weg zu gehen. Auch während der Begrüßung kann Beschwichtigungsverhalten zu sehen sein. Hier wird der präventive Charakter noch einmal deutlich: Dem Gegenüber wird kommuniziert, dass kein Anspruch auf Überlegenheit geltend gemacht werden soll oder es wird gar Unterlegenheit demonstriert (Handelman 2010).
In dieser Beobachtungsübung konzentrieren wir uns auf die „Leckintention“. Sie besteht in einer eher schnellen Leckbewegung der Zunge über die Lippen oder auch bis über die Nase. Die Zunge kann dabei nur teilweise oder in ihrer gesamten Länge herausgestreckt werden.
Die Leckbewegung kann einmalig oder auch mehrfach hintereinander gezeigt werden. Dabei ist die Bewegung recht schnell.
Wichtig ist wie immer, wenn wir kommunikative Ausdrucksmerkmale isoliert betrachten, dass der Kontext zur Interpretation passt. Ist ein Hund z. B. allein im Raum und leckt sich nach dem Fressen die Lippen, handelt es sich nicht um ein Beschwichtigungssignal, sondern um Komfortverhalten. Dabei würde das Lecken jedoch auch eher langsam geschehen und das Maul eher weiter geöffnet sein und auch die Körperspannung wäre geringer.

Die Beobachtungsaufgaben

Ort/Situation für Aufgabe 1:
Hundebegegnungen
Ort/Situation für Aufgabe 2:
eine Situation zwischen Ihnen und Ihrem Hund

2

3

1. + 2. Flynn zeigt die Leckintention, um seine Friedfertigkeit zu signalisieren. Er hat die Zurechtweisung (siehe S. 142 – 145) noch gut in Erinnerung.

3. Auch sein restliches Ausdrucksverhalten signalisiert seine friedfertigen Absichten.

Was Sie brauchen:
ggf. Smartphone

Aufgabe 1: Achten Sie bei Hundebegegnungen (und diese beginnen auch schon, wenn sich die Hunde noch in einiger Distanz befinden, siehe S. 168) genau auf das Maul Ihres Hundes oder lassen Sie solche Situationen filmen.

– Sehen Sie die hier beschriebene Bewegung mit der Zunge?
– Passt dies als Beschwichtigung in den Kontext?
– Wie verhält sich der andere Hund, nachdem Ihr Hund das Beschwichtigungssignal gezeigt hat? Und denken Sie, dass das von dem anderen Hund gezeigte Verhalten dem entspricht, was Ihr Hund erreichen wollte?

Aufgabe 2: Entdecken Sie das Beschwichtigungssignal „Leckintention" bei Ihrem Hund auch in Situationen, in denen Ihr Hund das Signal an Sie adressiert? Wenn ja, können Sie Ihren Hund über folgende Reaktionen darüber informieren, dass Sie das Signal wahrnehmen und es beschwichtigend wirkt:

– Wenden Sie Ihren Blick leicht ab.
– Sprechen Sie einige ruhige, freundliche Worte.
– Sind Sie Ihrem Hund sehr nah, bringen Sie etwas Distanz zwischen sich und Ihren Hund.

Leckintention im Mensch-Hund-Kontext

So sollten Leinenbegegnungen nicht aussehen.

PRAXISÜBUNG: DER NICHT!

Hintergrund der Übung

In unserer eng miteinander lebenden Gesellschaft ist es für viele Mensch-Hund-Teams ein alltägliches Ereignis, auf Spaziergängen anderen Mensch-Hund-Teams zu begegnen. Auf dem Weg zu einem alltagskompetenten und glücklichen Hund lohnt es sich, hierauf einen genaueren Blick zu werfen und daran zu arbeiten, dass diese Begegnungen möglichst – sowohl für den Hund als auch für den Menschen – nicht nur ein alltäglich erträgliches, sondern ein alltäglich willkommenes Ereignis werden. Hundebegegnungen (und dies gilt für Begegnungen an der Leine als auch für den freien Kontakt) erfordern gerade in der Welpen- und Junghundezeit die volle Aufmerksamkeit des Menschen, der spätestens in diesen Situationen kein Handy am Ohr haben oder anderweitig abgelenkt sein sollte. Ein sensibler und durchdachter Umgang mit Hundebegegnungen in der Welpenzeit macht sich bezahlt und später muss nicht mühsam überschrieben werden, was in dieser Zeit falsch erlernt wurde.

Grundsätzlich gilt es bei Hundebegegnungen zwischen Begegnungen an der Leine und Begegnungen ohne Leine zu unterscheiden. Wir sollten unseren Hunden viel freien Sozialkontakt (ohne Leine) zu anderen Hunden ermöglichen. Und letztlich können wir auch nur von ihnen erwarten, entspannt an einem Artgenossen vorbeizugehen, wenn ihr Bedürfnis nach Kontakt zu diesen erfüllt ist. Ob es aber eine gute Idee ist, den eigenen Hund abzuleinen und in den freien Kontakt mit einem anderen Hund zu lassen, sollte sich zum einen danach richten, ob das Gelände oder die Situation dafür geeignet ist. Ein Bürgersteig z. B. ist es sicher nicht. Manchmal hat es der Mensch auch einfach eilig und muss weiter, sodass keine Zeit für Sozialkontakt und Spiel ist. Zum anderen muss darauf geachtet werden, ob der eigene und der andere Hund einander überhaupt näher kennenlernen und miteinander weiter interagieren möchten oder eher Signale senden, die zeigen, dass dies keine vielversprechende oder sogar riskante Entscheidung wäre (siehe S. 172).
In dieser Übung sollen nun Situationen in den Blick genommen werden, in denen ein oder beide sich begeg-

nenden Hunde an der Leine laufen und aneinander vorbeigehen sollen. Zwei Faustregeln können wir uns hierbei vorab merken:

1. Direkter körpernaher Kontakt von zwei oder mehreren angeleinten Hunden sollte vermieden werden – v. a., wenn sie einander nicht oder nicht gut kennen. Solche Hund-Hund-Begegnungen führen wesentlich häufiger zu Auseinandersetzungen als zwischen zwei unangeleinten Hunden, wie Ulla Olsen in ihrer Dissertation gezeigt hat (Olsen 2008). Der Grund hierfür liegt vermutlich darin, dass Hunde an der Leine in ihrer Kommunikation eingeschränkt sind – gerade, wenn es um distanzvergrößerndes Verhalten geht; denn sie wissen, dass im Konfliktfall Rückzug keine Option ist, da sie sich nicht frei bewegen können.

2. Ist ein Hund an der Leine und soll es bleiben, sollte der andere Hund bzw. sollten die anderen Hunde auch an die Leine genommen werden. Auch Begegnungen zwischen einem angeleinten und einem nicht angeleinten Hund führen häufiger zu Auseinandersetzungen, als wenn beide Hunde unangeleint sind (Olsen 2008). Zudem gebietet es die Höflichkeit und gegenseitige Rücksichtnahme, seinen Hund anzuleinen, wenn ein anderer Hund an der Leine bleiben muss. Es gibt gerechtfertigte Gründe, einen Hund nicht von der Leine zu lassen. Diese reichen von Unverträglichkeit mit anderen Hunden oder auch Menschen, hoher Jagdmotivation bis hin zur Läufigkeit, einer gerade überstandenen Operation oder schlichtweg einem Parasitenbefall, z. B. mit Flöhen.

So sollten Leinenbegegnungen aussehen. Der Hund bzw. die Hunde werden auf der abgewandten Seite aneinander vorbeigeführt.

Vom Menschen initiiertes Bogenlaufen an einem geduldig wartenden Hund vorbei.

Vorbereitung der Übung

Für diese Übung ist keine besondere Vorbereitung notwendig. Üben Sie, wenn Ihnen ein Hund beim Spaziergang entgegenkommt und Sie an diesem vorbeigehen möchten.

Durchführung der Übung

Eine höfliche und freundliche Begegnung unter zwei sich nicht bekannten oder nur spärlich bekannten, freilaufenden Hunden sieht folgendermaßen aus: Die beiden Hunde bewegen sich meist in Schrittgeschwindigkeit in einem kleinen Bogen aufeinander zu – nicht frontal, nicht zu schnell, nicht schleichend. Manchmal finden sich Elemente des Beschwichtigungsverhaltens (siehe S. 166), die in diesem Zusammenhang die freundliche Absicht unterstreichen sollen. Sie können allerdings auch ein Zeichen für Unsicherheit sein (Handelman 2010). Hier hilft der Blick auf das weitere Verhalten des Hundes und auch ein Blick auf den entgegenkommenden Hund, um die Gesamtsituation zu beurteilen (siehe S. 172).
Eine höfliche und freundliche Begegnung können wir nun auch mit angeleinten Hunden initiieren. Nehmen Sie hierfür Ihren Hund auf die von dem anderen Hund abgewandte Seite Ihres Körpers, sodass Sie zwischen ihrem und dem anderen Hund laufen. Lässt es das Gelände zu, laufen Sie einen kleinen langgezogenen Bogen, so dass Sie nicht frontal auf den anderen Hund zusteuern. Das frontale Annähern wird allerdings schon über den Wechsel Ihres Hundes auf die vom anderen Hund abgewandte Seite unterbrochen. Mit der Zeit können Sie dies ritualisieren: Ihr Hund lernt das Laufen auf der vom anderen Hund abgewandten Seite mit dem Passieren ohne Kontakt zu assoziieren. Sie können dies durch ein Signalwort, wie z. B. „Der nicht“ auch noch verbal unterstreichen. Loben Sie Ihren Hund für ruhiges Verhalten, während Sie sich dem anderen Hund nähern. Sie können auch die Aufmerksamkeit Ihres Hundes mithilfe eines Aufmerksamkeitssignals, seines Namens, eines Geräuschs oder Ähnlichem das ein oder andere Mal auf sich lenken und seine Aufmerksamkeit belohnen. Damit verhindern Sie ggf. auch gleich ein unhöfliches Anstarren des anderen Hundes. Ihr Hund sollte

aber natürlich mitbekommen, dass er für das Passieren des anderen Hundes belohnt wird – der Fokus Ihres Hundes sollte also nicht dauerhaft auf Ihnen liegen. Je besser hierbei Ihr Timing ist, desto weniger werden Sie unerwünschtes Verhalten abbrechen müssen (siehe S. 189) – zumindest solange sich noch kein unerwünschtes Verhalten nachhaltig etabliert hat. Sind Sie mit Ihrem Hund an dem entgegenkommenden Hund vorbeigelaufen, haben (spätestens ab der Pubertät) viele Hunde das Bedürfnis, die Duftspur des anderen Hundes zu untersuchen und steuern, die Nase nutzend, dessen Laufspur an. Dies sollten Sie Ihrem Hund ermöglichen oder ihn gar dazu einladen.

Kurz zusammengefasst:

Lernziel Hund: Er kann ruhig an anderen Hunden vorbeigehen und ist dabei in der Lage, Ihnen seine Aufmerksamkeit zuzuwenden.

Lernziel Mensch: Sie leiten Ihren Hund gekonnt durch Hundebegegnungen an der Leine und bleiben dabei in Kommunikation mit ihm.

Aufbau der Übung:

– Frontale Annäherungen meiden, Hund auf die vom anderen Hund abgewandte Seite nehmen, ggf. einen kleinen Bogen laufen

– ruhiges Verhalten loben und ggf. Aufmerksamkeit über ein Wort, den Namen oder ein Geräusch auf sich lenken

– unerwünschtes Verhalten ggf. unterbrechen

Hanno (links) leitet hier von sich aus den Bogen ein.

PRAXISÜBUNG: HUNDEBEGEGNUNGEN EINSCHÄTZEN. WAS TUN, WENN …

Hunde zeigen bei Leinenbegegnungen genau wie bei freien Begegnungen mit anderen Hunden unterschiedliche Verhaltensweisen, die uns Aufschluss darüber geben, welche Bedürfnisse oder auch Absichten sie haben. Je genauer Sie dies beurteilen können, desto passgenauer können Sie reagieren und entscheiden, ob eine freie Begegnung bzw. eine weitere Annäherung vielversprechend ist. Haben Sie bei den folgenden Beispielen die Beobachtungsübungen „Hundeschwanz“ (S. 58), „Spiel oder Ernst“ (S. 66), „Belastungsmerkmale“ (S. 150), „Beschwichtigungssignale“(S. 166) und den Theorietext „Konfliktdeeskalation bei sozialen Unstimmigkeiten“ (S. 142) im Hinterkopf.

Ihr Hund zeigt Belastungsmerkmale, Beschwichtigungssignale oder Übersprungverhalten

Stellen Sie ein Übersprungverhalten bei Ihrem Hund fest, so spricht dies für einen inneren Konflikt. Ihr Hund hat also noch keine Lösung für die Situation gefunden. Möglich ist, dass er gern die Flucht ergreifen würde, dies aber aufgrund der Leine nicht realisierbar ist. Denkbar ist auch, dass Ihr Hund Beschwichtigungssignale zeigt, die der Minderung der Angriffstendenzen des Gegenübers dienen. Ist dies der Fall, sehen Sie sich auch den anderen Hund an: Zeigt dieser Anzeichen von Aggressionsverhalten, so versucht Ihr Hund vermutlich gerade einen drohenden Konflikt zu entschärfen. Sehen Sie Belastungsanzeichen bei Ihrem Hund, ist die Situation (aus welchen Gründen auch immer) für ihn zumindest unangenehm.

Tahnee (rechts) zeigt Belastungsmerkmale und Übersprungverhalten (Schnüffeln am Boden)

Lauern und Schleichen

Bei allen drei Verhaltensweisen ist das Fazit dasselbe: Beweisen Sie Leittierkompetenzen und führen Sie Ihren Hund ruhig und gelassen durch die Situation. Entweder gehen Sie mit ihm wie in „Der nicht“ (S. 168) beschrieben an dem anderen Hund vorbei, wobei der Bogen so groß sein sollte, wie es für Ihren Hund angenehm ist. Oder Sie haben das Glück und die andere Person hat Zeit mit ihrem Hund stehen zu bleiben. Dann können Sie so vorgehen wie in der Praxisübung „Gruselig? Das schaffen wir!“ (S. 153) beschrieben – zumindest, wenn der andere Hund freundlich gesinnt ist.

Ihr Hund lauert im Liegen oder Stehen oder schleicht in geduckter Körperhaltung

Legt Ihr Hund sich mit angespannter Haltung hin, kippt seinen Körper dabei nicht zur Seite, legt womöglich noch den Kopf ab und starrt den anderen Hund an, so wartet Ihr Hund nicht freundlich auf den anderen, sondern liegt in Lauerstellung, bereit, seine Beute zu greifen oder seine „Schafe zu hüten“. Gleiches gilt, wenn Ihr Hund im Stehen den Kopf absenkt, ihn weit nach vorne streckt und mit nach vorne gerichteten Ohren den anderen Hund anstarrt. Dabei kann es sein, dass er hechelt oder eine angespannte Mundpartie mit kurzer Maulspalte hat. Einige Hunde heben zudem noch einen Vorderlauf an, das sogenannte „Vorstehen“. Andere zeigen die gleichen Körpermerkmale, stehen aber nicht, sondern bewegen sich in Zeitlupe mit sehr kontrollierten Bewegungen vorwärts in Richtung ihres Gegenübers.

Sehen Sie bei Ihrem Hund oder auch bei dem Ihnen entgegenkommenden Hund diese Verhaltensweisen, sollten Sie Ihren Hund auf keinen Fall ableinen, bzw. sind einer oder beide Hunde gerade nicht angeleint, sollten Sie den freien Kontakt verhindern. Der lauernde Hund hat oft weder ein freundliches Kennenlernen noch ein gemeinsames Spiel im Kopf.

Lauern und In-geduckter-Körperhaltung-Anschleichen entstammen dem Beutefangverhalten.

Dieses Verhalten entspricht nicht den gewünschten und gängigen Umgangsformen.

Er zeigt Verhaltensweisen, die dem Beutefangverhalten entstammen. Dies gehört im Kontakt mit anderen Hunden (genauso wie im Kontakt mit Kindern, Radfahrern, Skatern o. Ä.) konsequent unterbunden – und zwar über ein Abbruchsignal (siehe S. 189). Das Verhalten zu ignorieren, reicht hier nicht, da es aufgrund der damit verbundenen Ausschüttung von Dopamin und Noradrenalin selbstbelohnend ist. Das heißt, dass das Verhalten, solange es kein negatives Feedback gibt, weiterhin – wenn nicht sogar häufiger – gezeigt werden wird.
Für den Fall, dass Ihr Abbruchsignal nicht funktioniert, stellen Sie sich vor Ihren Hund. Damit blockieren Sie sowohl seine Blickrichtung als auch seinen Weg. Dann geben Sie das Abbruchsignal erneut und leiten seine Aufmerksamkeit in eine andere Richtung. Funktioniert dies auch nicht und Sie haben Ihren Hund an der Leine, gehen Sie einige Schritte nach hinten (ohne an der Leine zu rucken oder Ähnliches!) und nehmen Ihren Hund mit. Sobald Ihr Hund von sich aus wieder mit Ihnen läuft bzw. seine Aufmerksamkeit Ihnen zuwendet, loben Sie ihn und prüfen, ob er das Lauern wieder aufnimmt. Tut er dies, starten Sie wieder mit dem Abbruchsignal und teilen ihm so erneut mit, dass sein Verhalten ein absolutes No-Go ist. Auch bei Hunden, die die beschrie-

benen Sequenzen des Beutefangverhaltens zeigen, dann aber zu einer höflichen Begrüßung übergehen oder zum Spiel auffordern, ist es ratsam, die Verhaltensweisen zu unterbinden. Es ist nie gesichert, dass der andere Hund die anfänglichen Signale des Beutefangverhaltens vergisst und sich darauf einlässt, mit einem Hund in positiven Kontakt zu treten, der eben noch mit Hetzen, Stellen und im schlimmsten Fall auch noch den weiteren Sequenzen gewunken hat.

Ihr Hund gebärdet sich wie wild

Wenn Sie bei dieser Aussage denken, das trifft auf meinen Hund zu, ist die wichtigste Frage, die Sie sich stellen sollten: Welche Motivation hat mein Hund in dieser Situation? Will Ihr Hund unbedingt zu dem anderen Hund hin, um ihn kennenzulernen, ihn zu begrüßen oder mit ihm zu spielen? Oder tut Ihr Hund nur nachdrücklich und lautstark kund, dass er eigentlich will, dass der andere Hund verschwindet oder er ihn sonst wie aus dem Weg haben will? Im ersten Fall steht dem freien Kontakt grundsätzlich nichts im Weg. Nutzen Sie die Situation, um Ihrem Hund beizubringen, dass sein Verhalten den gängigen Umgangsformen leider nicht entspricht und versuchen Sie, ihn zur Ruhe zu bringen. Bei manchen Hunden reicht ein Aufmerksamkeitssignal, bei anderen ein „Sitz" und wieder andere brauchen mehr Abstand, um den Reiz „ein anderer Hund" so weit in den Hintergrund treten lassen zu können, dass sie überhaupt wieder ansprechbar sind. Wie auch immer: Ist Ihr Hund ein Stück weit zur Ruhe gekommen, loben Sie ihn und die beste Belohnung ist in diesem Fall der freie Kontakt mit dem anderen Hund.
Im zweiten Fall ist oftmals Unsicherheit die zugrunde liegende Motivation. Hier sollten Sie Sicherheit ausstrahlen und die Situation aktiv und souverän in die Hand nehmen. Sie können probieren, die Situation durch das Laufen eines (großen) Bogens zu entspannen und auch die Praxisübung „Gruselig? Das schaffen wir!" ist eine Option. Hat sich das Verhalten aber schon verfestigt und Ihr Hund verfährt nach dem Motto „Angriff ist die beste Verteidigung", sollten Sie sich Unterstützung eines Profis suchen. Wir haben es hier zum einen wieder mit einem selbstbelohnenden Verhalten zu tun und zum anderen kann dem Hund sein Verhalten nicht einfach verboten werden, ohne die zugrundeliegende Emotion einzubeziehen. Denken Sie an das Zitat: „Einem Hund das Knurren zu verbieten, ist wie beim Rauchmelder den Akku zu entfernen" (siehe S. 144).

„Wir sollten nie vergessen, ruhiges Verhalten an der Leine zu loben. Viel zu oft wird nur auf das unerwünschte Verhalten geachtet."

Können zwei Hunde in den gemeinsamen Freilauf, sollten sie ruhig und gleichzeitig abgeleint werden.

Ihr Hund zeigt freundliches Interesse oder angemessene Spielsignale

Reagiert Ihr Hund freundlich auf seinen entgegenkommenden Artgenossen, steht einer direkten Begegnung Ihrerseits nichts im Weg. Jedoch müssen Sie auch die Situation des anderen Hundes und dessen Menschen beachten. Zeigt der andere Hund eine oder mehrere der hier genannten Verhaltensweisen, so kann Ihr Hund noch so freundlich gestimmt sein – der andere Hund sollte nicht durch Ihren freilaufenden Hund bedrängt werden. Verzichten Sie in diesem Fall auf den Freilauf. Zeigt sich der andere Hund hingegen ebenfalls zugewandt und freundlich und ist vielleicht sogar am Spiel interessiert, können beide Hunde abgeleint werden.

Für alle Verhaltensweisen gilt: Sind Sie sich selbst unsicher, wie Ihr Hund eingestellt ist oder dass die Situation im Freilauf entspannt ablaufen würde, so können Sie mit Abstand neben oder hinter dem anderen Mensch-Hund-Team herlaufen. Lassen Sie dabei Ihren Hund entscheiden, wie groß der Abstand zum anderen Hund sein soll. Gewinnen Sie dann den Eindruck, dass beide Hunde freundlich sind und sich gern kennenlernen bzw. freien Kontakt zueinander haben möchten, können Sie in den Freilauf überleiten. Haben Sie weiterhin Bedenken,

Danach können die Hunde in den näheren Austausch einsteigen.

beenden Sie die Begegnung ohne direkten Kontakt. Denken Sie immer an die Stimmungsübertragung, denn wenn Ihr Hund merkt, dass Sie sich unsicher sind, wird er ebenfalls unsicher reagieren.

Kurz zusammengefasst

– Belastungsmerkmale, Beschwichtigungssignale, Übersprungverhalten: kein direkter Kontakt → Bogen laufen; ggf. Übung „Gruselig? Das schaffen wir!"
– Lauern, Schleichen: kein direkter Kontakt → Verhalten unterbrechen; Aufmerksamkeit umlenken
– „wildes Gebärden": direkter Kontakt möglich, wenn freundlich gestimmt → erst zur Ruhe bringen!
– „wildes Gebärden": kein direkter Kontakt, wenn Unsicherheit o. Ä. zugrunde liegt → Bogen laufen; ggf. Übung „Gruselig? Das schaffen wir!"; spätestens bei „Angriff ist die beste Verteidigung" professionelle Unterstützung suchen
– freundliches Interesse, Spielsignale: direkter Kontakt möglich → Viel Spaß!

Bei der Entscheidung immer alle beteiligten Hunde berücksichtigen!

Tierschutzrecht

„Leinenzwang" für Hunde

Ein Beitrag von Dorothea Döring

Freilaufende Hunde in öffentlichen Parks und Grünanlagen sind umstritten. In vielen Gemeinden gibt es daher einen generellen „Leinenzwang" und Hundeverbote für Grünanlagen. Diese Vorschriften sollen die Bevölkerung vor Gefahren oder Belästigungen durch Hunde schützen. Andererseits fordern tierschutzrechtliche Bestimmungen eine „verhaltensgerechte" Unterbringung und „ausreichend Auslauf im Freien". Wie ist dieser Zwiespalt aus rechtlicher und verhaltenskundlicher Sicht zu bewerten?

BEDEUTUNG DES AUSLAUFS FÜR HUNDE

Die Möglichkeit zum Auslauf im Freien hat für Hunde viele wichtige Bedeutungen. Zum einen ist das Decken des Bewegungsbedarfs zu nennen. Hunde müssen sich – ihrem Alter und ihrem Gesundheitszustand entsprechend – ausreichend bewegen können, um körperlich gesund zu bleiben. Die Möglichkeit des Harn- und Kotabsatzes außerhalb des Heimbereichs ist ein weiterer wichtiger Aspekt beim „Gassigehen". Besonders wichtig ist jedoch auch die Möglichkeit zur Erkundung und zur Reizaufnahme. Hunde haben einen Bedarf an Reizen und Abwechslung. Das Prüfen und Hinterlassen von „Geruchsbotschaften" ist ein wichtiges arttypisches Verhalten. Der Geruchssinn des Haushundes ist hochspezialisiert. Wo wir Menschen nur einen Grünstreifen mit Bäumen oder Gebüsch sehen, findet der Hund einen regelrechten „Duftteppich" vor, den er erkunden möchte. Der Auslauf ermöglicht es Hunden außerdem, Artgenossen zu treffen und mit ihnen ggf. zu interagieren und somit soziale Kompetenzen zu üben. Nicht zuletzt dient die gemeinsame Unternehmung mit der Bezugsperson und die Beschäftigung mit dieser der Festigung der Tier-Mensch-Beziehung.

AUSLAUF AUSSCHLIESSLICH AN DER LEINE

Wird ein Hund ausschließlich an der Leine geführt, wird er in seinen Bewegungs- und Erkundungsmöglichkeiten stark eingeschränkt. Er kann weder in seiner Laufgeschwindigkeit, noch in der Auswahl der für ihn relevanten Reize seinen Motivationen folgen (Feddersen-Petersen 1997), denn der Mensch bestimmt das Tempo und gewährt dem Hund an der

Leine häufig nicht ausreichend Möglichkeiten zum Suchen und Prüfen von Duftmarken. Dies ist insbesondere beim Führen an der kurzen Leine und auch beim Führen des Hundes am Fahrrad der Fall. Aus den genannten Gründen bietet das Ausführen an der Leine einem Hund nicht die gleiche Qualität der Auslastung und Reizaufnahme wie der freie Auslauf. Daher besteht bei Leinenzwang die Gefahr, dass die Hunde nicht ausreichend ausgelastet werden. Wird hier nicht gezielt gegengesteuert, können sich aufgrund von Unterbeschäftigung und Frustration Verhaltensprobleme entwickeln. Ein ausschließliches Führen an der Leine schränkt das innerartliche Sozialverhalten sehr stark ein. Der freie Kontakt mit anderen Hunden ist jedoch für das Sozialverhalten des Hundes von größter Bedeutung, nicht nur im Welpenalter. Nach Feddersen-Petersen (1997) können sich durch ständiges Anleinen wegen des Unterbindens der arttypischen Kommunikation mit anderen Hunden Fehlentwicklungen ergeben. Bei unzureichenden Kontaktmöglichkeiten oder bei dauerhafter Isolation können Hunde ihre Sozialkompetenz gegenüber Artgenossen verlieren, was sich in einer Zunahme von aggressivem oder ängstlichem Verhalten gegenüber anderen Hunden zeigen kann. Hier ist die typische „Leinenaggression" zu nennen. Von direkten Kontakten zwischen angeleinten Hunden ist grundsätzlich abzuraten. Hunde verhalten sich angeleint anders als freilaufend, es kann zu Verwicklungen mit den Leinen und entsprechenden Komplikationen kommen. Wird ein angeleinter Hunde von einem Artgenossen bedrängt, kann u. a. durch mangelnde Fluchtmöglichkeiten eine Eskalation der Situation – auch mit Gefährdung der Halter*in – stattfinden.

RECHTSLAGE

Das Deutsche Tierschutzgesetz fordert in § 2, dass jedes Tier „verhaltensgerecht" untergebracht werden muss und dass die Möglichkeit zu artgemäßer Bewegung nicht so

So notwendig die Leine teilweise sein mag, gerade Welpen brauchen für ihre Entwicklung den freien Sozialkontakt mit anderen Hunden.

Hundebegegnungen ohne Leine verlaufen oft anders.

eingeschränkt werden darf, dass dem Tier Schmerzen oder vermeidbare Leiden oder Schäden zugefügt werden.
Für den Hund werden diese allgemein formulierten Anforderungen in der Tierschutz-Hundeverordnung (§ 2 Absatz 1) konkretisiert: „Einem Hund ist (...) ausreichend Auslauf im Freien außerhalb eines Zwingers zu gewähren (...) und (...) regelmäßig der Kontakt zu Artgenossen zu ermöglichen, es sei denn, dies ist im Einzelfall aus gesundheitlichen Gründen oder aus Gründen der Unverträglichkeit zum Schutz des Hundes oder seiner Artgenossen nicht möglich." Das bedeutet, dass jeder Hund – unabhängig von der Haltungsform – einen Rechtsanspruch auf „ausreichend" Auslauf im Freien und auf regelmäßige Kontakte mit Artgenossen hat.
Was als Mindest-Auslaufzeiten angesehen wird, wurde in der Amtlichen Begründung (2000) der Bundesregierung zur Tierschutz-Hundeverordnung explizit genannt: „Der Auslauf sollte mindestens zweimal täglich im Freien gewährt werden und eine Zeitdauer von einer Stunde täglich nicht unterschreiten."
Nach Feddersen-Petersen (1997) sollten einem Hund zwei bis vier Stunden, nach Hallgren (1997) etwa drei Stunden Bewegung am Tag ermöglicht werden. Selbstverständlich müssen diese Orientierungswerte an die individuellen Anforderungen angepasst werden, d. h. Welpen, Junghunde, trächtige, alte oder kranke Tiere dürfen diesbezüglich nicht überfordert werden.
Der alleinige Aufenthalt im Garten kann einen Spaziergang mit seinen vielfältigen Erkundungsmöglichkeiten und dem wechselnden Reizangebot nicht ersetzen (Overall, 1997). Dies belegt auch eine Studie von Kobelt et al. (2003) an über 200 Hunden, die in Australien ganztags im Garten gehalten wurden. Je weniger Auslauf die Hunde hatten, desto mehr Verhaltensprobleme kamen vor.
Nach Lorz und Metzger (1999) ist das bloße Spazierenführen nicht als „freier Auslauf" zu werten. Dies deckt sich mit dem Kommentar zum Tierschutzgesetz von Hirt et al. (2007), die sagen: „Beim Auslauf muss der Hund im Freien frei laufen können; das Hin-

auslassen auf den Balkon oder einen Hinterhof genügt auf keinen Fall".

GERICHTSURTEILE

Die Festlegung eines generellen Leinenzwanges war bereits Gegenstand verschiedener Gerichtsurteile. So wird beim Urteil des VGH Baden-Württemberg (2007) zwar bestätigt, dass ein genereller Leinenzwang von Gemeinden auferlegt werden kann. In anderen Bundesländern hingegen urteilten die Gerichte, dass ein genereller Leinenzwang in den betroffenen Gemeinden unzulässig bzw. unverhältnismäßig sei (z. B. OVG Niedersachsen, 2005; OVG Thüringen, 2007; OLG Dresden, 2007). Argumente waren u.a, dass ein subjektives Unsicherheitsgefühl der Bürger, das der tatsächlichen Gefährdung nicht entspricht, keinen generellen Leinenzwang rechtfertigen würde, bzw. dass ein solcher Leinenzwang nur verhältnismäßig wäre, wenn eine Regelung enthalten wäre, wonach Hunde auf so genannten „Freilaufflächen" vom Leinenzwang befreit wären. Die Anzahl und Größe der Freilaufflächen muss an die Größe des Gemeindegebietes und die Zahl der gehaltenen Hunde angepasst sein, so dass sie für alle Hundehalter*innen gut erreichbar sind und ausreichend Platz bieten. Des Weiteren müssen sie entsprechend strukturiert und bewachsen sein, so dass es viele Erkundungs- und Rückzugsmöglichkeiten gibt. Eine „kahle" Wiese ohne Baum- und Strauchbestand bietet weder Schutz vor Sonne, noch ausreichend Sichtschutz, Rückzugs- und Erkundungsmöglichkeiten. Informationen zur Gestaltung von Freilaufflächen finden sich u.a. bei Eckl und Ramharter (2006) und Purtscher (2001).

FREILAUF UND GEFAHRENVERMEIDUNG

Wenn ein Hund aufgrund seines Verhaltens Menschen, andere Hunde oder Tiere gefährdet (z. B. Aggressionsverhalten, Anspringen, Streunen, Wildern), hat die Gefahrenvermeidung oberste Priorität. Untersuchungen von Roll (1994, siehe auch Roll & Unshelm, 1997) zeigten, dass der Großteil der Hunde, die andere Hunde verletzt haben, ohne Leine lief (86,4 %) und bereits wiederholt gebissen hatte (87,5 %). Deshalb sollte ein solcher Hund einer Verhaltenstherapie zugeführt und so gehalten werden, dass er niemanden gefährdet. Damit auch diese Hunde die Möglichkeit zur Bewegung ohne Leine erhalten, sollten sie kontrollierten Freilauf unter Maulkorbschutz oder in einem hundesicher eingezäunten Gelände erhalten. Bei Hunden, bei denen die Gefahr des Weglaufens oder Wilderns besteht, sollte der Spaziergang an der langen Leine (Schleppleine) erfolgen, um dem Tier wenigstens ein Minimum an Freiheit zu gewähren. Der Freilauf ohne Leine sollte bei diesen Hunden ebenfalls auf einem eingezäunten Grundstück ermöglicht werden, wo auch der Rückruf geübt werden kann.

Über die Autorin
Privatdozentin Dr. Dorothea Döring ist Fachtierärztin für Verhaltenskunde und für Tierschutz und besitzt die Zusatzbezeichnung Verhaltenstherapie. Sie arbeitet in Forschung und Lehre am Lehrstuhl für Tierschutz, Verhaltenskunde, Tierhygiene und Tierhaltung der Ludwig-Maximilians-Universität München und beschäftigt sich unter anderem mit dem Verhalten und der tiergerechten Haltung von Hunden. Informationen zu Projekten finden sich auf der Homepage des Lehrstuhls *(https://www.tierhyg.vetmed.uni-muenchen.de)*. Ein ausführlicher Artikel zum Leinenzwang bei Hunden ist hier zu finden: *https://www.bundestieraerztekammer.de/btk/dtbl/archiv/artikel/12/2008/genereller-leinenzwang-fuer-hunde-ein-tierschutzproblem*

Mach's mal anders!

Gerade bei der Vermeidung von unerwünschtem Verhalten, aber auch dann, wenn der Hund durch belastende oder gruselige Umweltsituationen in geistige Bedrängnis kommen könnte, ist es wichtig, alternative Verhaltensweisen so fest in seinem Verhaltensprogramm zu etablieren, dass er diese auch unter Belastung noch abrufen kann.

Die Festigkeit ist hier das entscheidende Kriterium, denn nur dann können diese alternativen Verhaltensmöglichkeiten auch schnell und ohne großes Nachdenken abgerufen werden. Wie wichtig diese Schnelligkeit beim Abrufen von Alternativen zu unerwünscht erscheinenden Handlungen ist, verstehen wir am besten durch einen Blick auf die bei Angst oder gar Panik, Furcht und anderen negativen Zuständen aktivierten Schaltkreise im Gehirn.

SCHALTKREISE IM GEHIRN

Im Hirn eines Säugetiers liegen dazu nämlich zwei, mit unterschiedlicher Geschwindigkeit reagierende Schaltkreise vor: Einer, der sich weitestgehend aus verschiedenen, auch anatomisch nah beieinanderliegenden Kerngebieten des emotionalen Systems in der Tiefe des Gehirns aufbaut und einer, der als sogenannte „obere Strecke" oder „der obere Schaltweg" bezeichnet wird, und der von den Mandelkernen (Zentrale der emotionalen Reaktion im emotionalen Gehirn) unter anderem Teile der Großhirnrinde einbezieht.
Während die erste, als tiefliegende Strecke bezeichnete Verknüpfung aufgrund der räumlichen Nähe der Kerngebiete zueinander und einer schnellen Nervenverbindung nahezu unmittelbar und sofort auf eine Wahrnehmung von potenziell bedrohlichen Reizen reagieren kann, ist die obere Strecke durch die Einbeziehung der Großhirnrinde etwas langsamer und in der Erstreaktion deshalb meistens zu spät. Sie kann jedoch bei einer Neubewertung der Situation nach der ersten Spontanreaktion eingeschaltet werden und dann das Tier erkennen lassen, ob es sich wirklich um eine gefährliche oder nur um eine scheinbar gefährliche Situation gehandelt hat.
Je besser und leistungsfähiger wir in unserer Kindheit und Jugend diese nachträgliche, auch

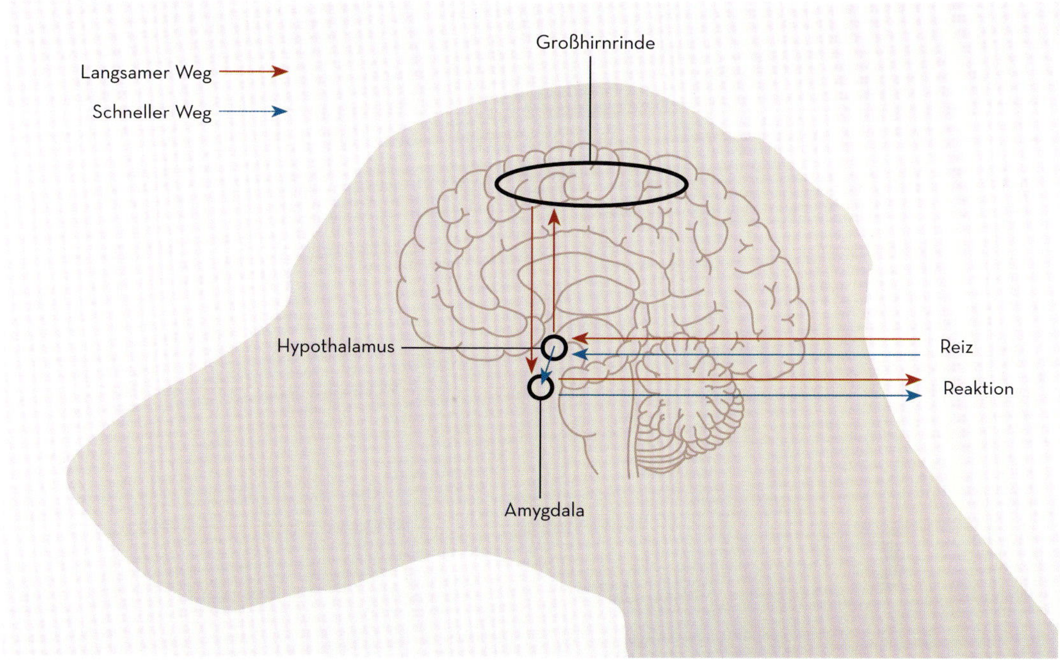

Schaltkreise im Gehirn

mit Nachdenkensprozessen verknüpfte Bewertung über die obere Strecke eingeübt haben, desto leichter können wir sie auch in Krisensituationen aktivieren. Gerade diese Systeme sind durch Lernen am Erfolg sehr effektiv zu gestalten und dadurch, dass z. B. auch Nervenverbindungen verstärkt oder Leistungsfähigkeiten elektrisch und chemisch verbessert werden, wachsen diese Verknüpfungen buchstäblich mit ihren Aufgaben (vorausgesetzt, diese sind auch erfolgreich bewältigt).

Diese Systeme werden dann weiterhin genutzt, um von der Großhirnrinde wiederum erregungsdämpfende, hemmende Nervenfasern in die tieferliegenden Regionen der unwillkürlichen und unmittelbaren Verhaltenssteuerung (emotionales System, Stresszentren, aber auch Kerngebiete der motorischen Antwort) freizuschalten. Man bezeichnet diese Bremsleitungen des Gehirns als Exekutivfunktionen. Sie sind in vielen Bereichen der Bewältigung von Umweltsituationen von großem Vorteil. So ziehen beispielsweise aus dem vordersten Teil des Stirnhirns, der vordersten Stirnrinde, Bremsleitungen in die Regionen des emotionalen Systems, die mit Aggression und Aggressionskontrolle zu tun haben. Aus dem Bereich des rechten seitlichen Stirnhirns ziehen Exekutivfunktionen in die Regionen, die die Entstehung von Angst und Panik regeln bzw. dort dämpfen. Aus dem linken seitlichen Stirnhirn kommen Bremsleitungen, die uns in die Lage versetzen, längere und konzentriertere Arbeit durchzuführen. Gerade diese, aus dem linken seitlichen Stirnhirn stammenden Fasern sind es übrigens, die durch temperamentvolles, bisweilen auch überschäumendes soziales Spielen in der Pubertät erst aktiviert werden (siehe S. 60). Unsere Daten (siehe S. 195) zeigen auch, dass gerade frühkastrierte Hunde oft übermäßig impulsiv sind und offenbar diese Bremsfähigkeiten nicht ausreichend haben.

Die „Bremsleistungen" des Gehirns entwickeln sich während der Kindheit und Jugend.

Aus einem mit dem Sozialverhalten verknüpften Gebiet des Großhirns, das als Inselrinde bezeichnet wird, ziehen ebenfalls Exekutivfunktionen in die Teile des emotionalen Systems, die mit Such- und Suchtverhalten zu tun haben. Es ist nachgewiesen, sowohl bei menschlichen Jugendlichen als auch bei Labornagetieren, dass das Aufwachsen in einer sozial verständnisvollen sowie vollständigen und positiv motivierten sozialen Gruppenstruktur eine der besten Vorbeugungsmaßnahmen gegen das Entstehen von Suchterkrankungen verschiedenster Art ist. Die vom Sozialhormon Oxytocin gesteuerten Exekutivfunktionen aus der Inselrinde in die Region des Such- und Suchtsystems können dann nämlich Alternativverhalten auch in belastenden und problematischen Situationen ermöglichen, sodass es nicht zu einer Sucht als einzige, später dann krankmachende Bewältigungsstrategie kommen muss.

Freischaltung während der Jugendentwicklung

Ein Welpe oder ein kleines Kind weist diese Möglichkeiten des Alternativverhaltens und der Bewältigungsstrategien mithilfe der oberen Schaltwege und der Exekutivfunktion jedoch noch nicht auf. Erst im Laufe der Kindheit und der Jugendentwicklung werden diese neurologischen Verknüpfungen langsam aktiviert und freigeschaltet, allerdings nur dann, wenn vorher auch ein Erfolg solches Alternativverhaltens erlebt werden konnte.
Nur wer Selbstwahrnehmung, Selbstbestimmung und auf eigenen Entscheidungen beruhende Problembewältigung erfolgreich erfahren durfte, fixiert die genannten Schaltverbindungen dann im Laufe seiner Sozialisation so erfolgreich, dass sie später auch in wirklichen Krisensituationen noch abrufbar bleiben.

Problematik bei Kleinhunden

Ein Problem in diesem Zusammenhang stellen vor allem unsere Kleinhunderassen dar. Erstens sind Kleinhunde, wie einschlägige lebensgeschichtliche Daten deutlich zeigen (siehe Gansloßer & Kitchenham 2019), in ihrer frühen Welpen- und Junghundzeit extreme Schnellentwickler. Ein sechs Monate alter Kleinhund entspricht bereits einem menschlichen 14- bis 15-Jährigen, während eine sechs Monate alte Deutsche Dogge sich noch auf Grundschulniveau eines circa siebenjährigen Menschen befindet (siehe S. 28). Zweitens sind aus reiner anatomischer Platzproblematik heraus in den Gehirnen der Kleinhunde ohnehin weniger solche Bremsleitungen, also Exekutivfunktionen, vorgesehen. Drittens ist der Persönlichkeitsfaktor „Erregbarkeit und Nervosität", zum Teil molekularbiologisch begründet, bei kleinen Hunderassen verstärkt anzutreffen (Sutter et al. 2007). Kommt zu diesen neurobiologischen lebensgeschichtlichen Gegebenheiten auch noch die Vorstellung des Menschen hinzu, dass man kleine Hunde ja nicht unbedingt erziehen müsste („Man kann sie ja notfalls auf den Arm nehmen!"), dann ist die Mischung perfekt für einen nicht nur unerzogenen, sondern dann auch extrem nervösen, hektischen und nicht gerade sozial verträglichen Hund. Gerade die kleinen und besonders süß wirkenden Welpen kleiner Hunderassen aber müssen eben schon früher und konsequenter erzogen werden als die Spätentwickler der großen, behäbigen Rassen. Denken Sie daran, wenn Sie einen zehn oder zwölf Wochen alten Kleinhundwelpen bei von Ihnen unerwünschtem Verhalten ertappen.

Kleine Hunderassen entwickeln sich schneller. Das hat auch Auswirkungen auf die Erziehung.

BEOBACHTUNGSÜBUNG: VERHALTENSALTERNATIVEN

Ziel der Übung: Passende Verhaltensalternativen kennenlernen und geben können

Wie Kinder können auch Hunde meist erst ab einem bestimmten Alter selbstständig Alternativen finden, wenn sie Verhalten an den Tag legen, das von ihrer sozialen Umwelt unerwünscht ist und unterbunden wird. So wichtig es für Welpen ist, zu lernen, dass nicht alles geht, was sie gern möchten (siehe S. 189), so wichtig ist es für sie auch, nicht in der „Luft zu hängen", wenn ihnen etwas verboten wird. Lernt ein Hund frühzeitig, sich nach einem Verbot mit etwas anderem – und dabei eben im besten Fall mit etwas von seinem Menschen Erwünschtem und für den Welpen in der jeweiligen Situation Passendem – zu beschäftigen, legt dies einen wichtigen Grundstein dafür, eigenständig bei einem Verbot auf diese Idee zu kommen und sich ein alternatives Verhaltensrepertoire anzueignen.
Für diese Beobachtungsübung nutzen wir eine der zahlreichen Situationen im Zusammenleben mit einem Welpen, in der der Welpe etwas tut, was er richtig gern tun möchte und Sie dies unterbinden wollen oder müssen. Ein schon beinah klassisches Beispiel hierfür wäre, dass Ihr Hund sich einen Ihrer Schuhe geschnappt hat und genüsslich darauf herumkaut. Der erste Schritt wäre nun, Ihrem Welpen kundzutun, dass er unterlassen soll, was er gerade tut (siehe S. 189). Doch was dann? Die meisten Welpen werden, selbst wenn sie ihr Verhalten unterbrechen und passgenau eine Bestätigung erhalten, ihr vorheriges Tun wieder aufnehmen. Um dies nicht zu tun, braucht es die Fähigkeit, das eigene Verhalten kontrollieren und steuern zu können. Darin sind junge Lebewesen generell nicht besonders gut. Das erste Ziel dieser Beobachtungsübung besteht darin herauszufinden, wie Ihr Hund mit Verboten umgeht.

VERHALTEN	ALTERNATIVVERHALTEN
Schuh zerbeißen	Kauen auf einem geeigneten Spielzeug oder einem Kauartikel.
Auf dem Rasen ein Loch buddeln	In der Sandkiste oder einem dem Welpen zugedachten Teil des Gartens ein Loch buddeln; Handtuchhaufen schichten und darin ein Spielzeug verstecken, das der Welpe „freibuddeln" darf.
Spielsachen der Kinder nehmen	Auf Spielzeug des Hundes verweisen und es ihm anbieten.
Anspringen	Absitzen, „Bitte" sagen
Bellen, wenn es bei z. B. einer Unterhaltung auf der Straße zu lange dauert, bevor es weitergeht	Streicheln, Kauartikel anbieten, später Ruhesignal

Der Schuh wird verboten und eine Alternative angeboten.

Das zweite Ziel ist, verschiedene Verhaltensalternativen auszuprobieren und herauszufinden, welche Alternativen Ihren Hund am besten dabei unterstützen, zum einen mit dem Verbot zurecht zu kommen und zum anderen mittelfristig zu lernen, selbstständig Alternativverhalten zu finden und zu zeigen (siehe Beispiele in der Tabelle). Je näher eine Alternative am eigentlichen Verhalten Ihres Hundes ist, desto wahrscheinlicher wird es eine wirkliche Alternative für ihn darstellen und auch einem zugrundeliegenden Bedürfnis Rechnung tragen.

Die Beobachtungsaufgaben

Ort/Situation: Zu Hause, wenn Ihr Hund etwas tut, was er gern möchte, aber nicht soll; möglichst dieselbe oder eine ganz ähnliche Situation
Aufgabe: Als Beispiel für diese Beobachtungsübung, die auch schon Praxis beinhaltet, soll folgende Situation dienen (gibt es diese Situation bei Ihnen so nicht, führen Sie sich eine andere Situation vor Augen, in der Ihr Welpe etwas tut, was er richtig gern tun möchte, aber nicht soll): Sie sind mit Ihrem Welpen zu Hause und Ihr Welpe beginnt auf oder an etwas zu kauen, was er nicht zwischen die Zähne bekommen soll (z. B. einen Schuh, ein Tischbein, eine Pflanze, eine Taschentuchpackung). Vielleicht nutzen Sie Ihr bereits gut funktionierendes Abbruchsignal (siehe Praxisübung S. 189) oder unterbinden anderweitig verbal das Verhalten Ihres Welpen. So weit, so gut. Doch was macht Ihr Welpe dann? Hier beginnt die Beobachtungsübung.

Schuhe sind bei Welpen ein beliebtes Kau- und Spielobjekt.

Es können zwei Dinge geschehen:
1. Ihr Welpe unterlässt sein Tun langfristig und beschäftigt sich von sich aus mit etwas anderem.
2. Ihr Welpe nimmt sein vorheriges Tun wieder auf.

Sollte Ihr Welpe sich selbst eine andere Beschäftigung suchen, freuen Sie sich! Das ist eine wichtige Kompetenz, die er da schon zeigt! Nimmt Ihr Welpe sein vorheriges Tun wieder auf, unterbinden Sie erneut sein Verhalten und bieten ihm, sobald er reagiert hat, dieses Mal eine Alternative an. Nun gibt es wieder zwei Möglichkeiten:
1. Ihr Welpe nimmt Ihr Angebot an.
2. Ihr Welpe nimmt sein vorheriges Tun wieder auf.

Sollte Ihr Welpe Ihr Angebot annehmen, wunderbar. Merken Sie sich unbedingt die Alternative, die Sie ihm gegeben haben. Sollte Ihr Welpe Ihr Angebot nicht annehmen, auch in Ordnung. Sie können ausprobieren, ihm eine andere Alternative anzubieten oder die „Diskussion“ mit Ihrem Welpen so lange weiterführen, bis er einsieht, dass er entweder die Alternative wählt oder sich selbst etwas anderes suchen muss, seine Ursprungshandlung aber leider nicht akzeptiert wird – auch wenn er es noch so beharrlich versucht.

1

2

3

1. Viele Menschen wollen nicht, dass ihr Hund im Garten buddelt.

2. + 3. Ein Handtuchhaufen mit versteckten Spielzeugen bietet hier eine Alternative.

PRAXISÜBUNG: SORRY, NICHT ALLES GEHT. LASS DAS!

Hintergrund der Übung

Haben zwei oder mehr Individuen etwas miteinander zu tun, ist es vollkommen normal, dass nicht immer alle Beteiligten einer Meinung sind oder das Gleiche wollen. Das gilt für Menschen wie für alle anderen sozial agierenden Tiere. Kommt es zu einem Konflikt oder bahnt sich ein Konflikt an, ist eine mögliche Verhaltensreaktion, wie wir im vorangegangenen Theorietext (siehe S. 142) bereits erfahren haben, das Zeigen von Abbruchsignalen. In der Erziehung von Hunden dienen Abbruchsignale dazu, dem Welpen zu verdeutlichen, welches Verhalten unerwünscht ist. Die meisten Menschen nutzen im Umgang mit ihrem Hund bereits intuitiv ein Abbruchsignal. Im Umgang mit Welpen sind klassische Situationen, in denen der Mensch einen Verhaltensabbruch setzt, wenn der Welpe auf die Idee gekommen ist, einen Schuh als Kauartikel zu benutzen oder am Tisch hochspringt, um etwas vom Essen zu ergattern. Der Welpe bekommt dann auf die eine oder andere Weise zu hören, dass er sein Verhalten einstellen soll – bestenfalls bereits in der Kombination mit einem erwünschten Alternativverhalten (siehe S. 186). Solche Verhaltensabbrüche können wir ritualisieren. Damit werden sie für alle Beteiligten klar erkennbar und der Mensch bewahrt sich ein Stück weit selbst davor, Verhalten inflationär häufig abzubrechen oder dies für den Hund undurchsichtig zu tun. Ein Abbruchsignal bedeutet also so viel wie „Lass das, was du gerade tust". Gleich werden wir sehen, dass und warum wir folgenden Zusatz machen: „... und wende mir deine Aufmerksamkeit zu".

Pepe versucht aufmerksam zu verstehen, was seine Bezugsperson möchte.

Vorbereitung der Übung

Für diese Übung benötigen Sie Leckerlis. Des Weiteren brauchen Sie ein Signalwort für den Verhaltensabbruch. Es eignen sich hier beispielsweise die Worte „Lass das" oder „Stopp". „Nein" eignet sich nicht so gut, da wir dieses Wort im Alltag häufig und unbewusst nutzen.

1

2

3

1.–4. Schritt 1

Mehrere Leckerlis werden mit möglichst identischer Bewegung gefüttert (Foto 1+2).

Dann wird das nächste Leckerli in der Hand eingeschlossen und das Abbruchsignal gegeben.

Reagiert der Hund und versucht nicht weiter an das Leckerli zu gelangen, gibt es aus der anderen Hand die Belohnung.

Durchführung der Übung

Schritt 1: Sie beginnen, indem Sie Ihrem Hund auf ein Signalwort hin (z. B. „Nimm", „OK") Leckerlis aus einer Hand geben (es ist egal, ob Sie die rechte oder die linke Hand nutzen, bleiben Sie nur bei Ihrer Wahl). Nach einer bestimmten Anzahl an Leckerlis (zwischen 3 und 5), halten Sie Ihrem Hund ein weiteres Leckerli hin, sagen aber diesmal Ihr Abbruchsignal (z. B. „Lass das", „Stopp") und schließen Ihre Hand. Achten Sie auf Ihr Timing: Erst geben Sie das Abbruchsignal und dann schließen Sie die Hand. Versucht Ihr Hund weiterhin an das Leckerli zu gelangen, ignorieren Sie dies und warten ab. Alternativ können Sie das Abbruchsignal wiederholen und es dabei auch nachdrücklicher aussprechen. Sobald Ihr Hund nicht mehr versucht, an das Leckerli zu gelangen, loben Sie ihn und belohnen ihn aus der anderen Hand. Üben Sie Schritt 1 so lange (nicht am Stück, sondern über viele Tage und Einheiten verteilt und am besten auch an unterschiedlichen Orten), bis Ihr Hund verlässlich auf das Abbruchsignal reagiert.

Schritt 2: Sind Sie sich sicher, dass Ihr Hund nicht mehr versucht, das Leckerli zu nehmen, dann lassen Sie im nächsten Schritt Ihre Hand geöffnet, wenn Sie das Abbruchsignal geben. Folgt Ihr Hund dem Abbruchsignal, loben Sie ihn und geben ihm wie zuvor aus Ihrer anderen Hand ein Leckerli. Sollte Ihr Hund doch versuchen, das Leckerli zu nehmen, schließen Sie schnell Ihre Hand und warten ab oder wiederholen das Abbruchsignal. Es ist wichtig, dass Ihr Hund niemals Erfolg hat und das Leckerli bekommt, nachdem Sie das Abbruchsignal gesagt haben.
Reagiert Ihr Hund auch bei geöffneter Hand verlässlich auf das Abbruchsignal, gehen Sie zum nächsten Schritt über.

4

5

6

Schritt 3: Legen Sie das Leckerli auf Ihre Handrückseite und üben erneut. Dies ist schwieriger, da Ihr Hund genau weiß, dass Sie die Hand nicht so einfach schließen können.

Schritt 4: Funktioniert auch dies sicher, legen Sie die Leckerlis auf den Boden. Üben Sie dies im Innenraum, damit Ihr Hund sich gar nicht angewöhnt, draußen etwas Essbares vom Boden aufzunehmen. Ihr Hund darf wiederum auf ein Signalwort (z. B. „Nimm", „OK") das Leckerli nehmen bzw. soll es auf das Abbruchsignal hin liegen lassen. Reagiert Ihr Hund wie geübt auf das Abbruchsignal, loben Sie ihn, geben ihm eine Belohnung und lassen das auf dem Boden liegende Leckerli verschwinden. Versucht Ihr Hund das auf dem Boden liegende Leckerli zu nehmen, decken Sie es schnell mit Ihrer Hand oder Ihrem Fuß ab, warten ab oder geben das Abbruchsignal erneut.

Schritt 5 und 6: In der Folge steigern Sie den Reiz und legen das Leckerli nicht auf den Boden, sondern lassen es vor sich fallen. Klappt dies zuverlässig, gehen Sie einen Schritt weiter und lassen das Leckerli außerhalb Ihrer Individualdistanz fallen. Um sicherzustellen, dass der Hund das Leckerli nicht nimmt, wenn Sie das Abbruchsignal gegeben haben, werfen Sie das Leckerli in die Nähe einer weiteren Person, die im Zweifelsfall noch den Fuß daraufstellen kann, wenn Ihr Hund doch losläuft.

5.+6. Schritt 2

Leckerlis in der offenen Hand mit dem Abbruchsignal verbinden.

Dadurch, dass Ihr Hund nach einem Abbruch stets gelobt und belohnt wird, lernt er den Zusatz „... und wende mir deine Aufmerksamkeit zu" quasi beiläufig. Sehr praktisch, wenn wir unseren Hunden eine Alternative (siehe S. 186) anbieten wollen oder ihnen sonst eine Information geben möchten, wie es weitergeht.

Drei wichtige Punkte sollten während aller Übungsschritte beachtet werden:

– Nie das tabuisierte Leckerli geben! Das vergiftete Fischbrötchen soll der Hund ja auch nicht nehmen, wenn er es einmal liegen lässt und gelobt wurde. Geben Sie ein anderes Leckerli oder ein Spielzeug zur Belohnung

7

8

7. + 8. Schritt 3

Leckerli vom Handrücken (7). Die gewünschte Reaktion wird wiederum aus der anderen Hand belohnt (8)

(je nach Vorliebe, siehe S. 102, 108).
– Tabuisieren Sie anfangs immer dasselbe Leckerli (also z. B. immer das vierte). Hat der Hund das Prinzip verstanden, variieren Sie: Tabuisieren Sie also mal das vierte, mal das zweite, mal das erste Leckerli. Erst wenn ein Übungsschritt wirklich zu einhundert Prozent zuverlässig funktioniert, gehen Sie zum nächsten Schritt über.
– Die meisten Menschen geben die Leckerlis, die sie nicht tabuisieren anders als das Leckerli, das tabuisiert wird. Sie müssen auf dieselbe Gestik achten, ansonsten lernt der Hund nicht das Wort, sondern orientiert sich eher an Ihrer Gestik.

9

10

9. + 10. Schritt 4

Leckerli auf den Boden legen und Abbruchsignal setzen (9). Schön zu sehen ist hier der Zusatz: … „und wende mir deine Aufmerksamkeit zu" (10).

SORRY, NICHT ALLES GEHT. LASS DAS! – IM ALLTAG

Wenn Ihr Hund alle Schritte zuverlässig ausführt (und wirklich erst dann!), können Sie beginnen, das Abbruchsignal zu generalisieren. Beispielsweise können Sie es benutzen, wenn Ihr Hund bei der Begrüßung hochspringt. Wenn Sie dies nicht möchten, sollten Sie in dieser Situation das Abbruchsignal geben und sich zusätzlich ggf. wegdrehen. Erst, wenn der Hund alle vier Pfoten auf dem Boden behält, wird er begrüßt. Andere Alltagssituationen, in denen das Abbruchsignal gesetzt werden kann, sind beispielsweise Buddeln im Gemüsebeet, das unerlaubte Verlassen des Grundstücks, das Aufnehmen von im Park liegenden Essensresten, das Springen in einen Fluss (Strömung kann schnell gefährlich werden) oder auch wenn ein Sozialspiel einmal zu wild wird und die Zähne zu spüren sind oder Ihr Hund ihren menschlichen Nachwuchs nicht in Ruhe lässt. Wichtig für die Erziehung und für die Verlässlichkeit des Abbruchsignals ist dabei die Konsequenz. Gehen Sie so sparsam wie möglich mit dem Abbruchsignal um, aber wenn Sie es nutzen – sei es, um ihrem Welpen eine Regel zu verdeutlichen oder ihn zu schützen –, sollten Sie wirklich darauf bestehen, dass er sein Verhalten einstellt – und ihn dann dafür großzügig loben und wieder positive Stimmung einkehren lassen, denn: Kein Abbruchsignal ohne Versöhnung!

KEIN ABBRUCHSIGNAL OHNE VERSÖHNUNG!

Der Abbruch einer Verhaltensweise endet nicht nach dem Abbruchsignal, sondern erst nach der Versöhnung

11

12

11. Schritt 5

Leckerlis auf den Boden innerhalb Ihrer Reichweite fallen lassen und Abbruchsignal geben.

12. Schritt 6

Leckerlis auf den Boden außerhalb Ihrer Reichweite werfen und Abbruchsignal geben.

(siehe S. 142). An diesen Erkenntnissen orientieren wir uns und verhalten uns kurz nach einem Verhaltensabbruch wie auch nach sonstigen Konflikten unserem Hund gegenüber wieder zugewandt und freundlich und gehen auf Versöhnungsverhalten unseres Hundes stets ein. Die typisch menschliche Reaktion, einem Konfliktpartner oder einer Konfliktpartnerin sein oder ihr Verhalten ewig und drei Tage nachzutragen, hat spätestens in Mensch-Hund-Beziehungen nichts mehr verloren. Ein gemeinsames Sozialspiel oder gemeinsames Rennen wirken gerade nach ernsteren Konfliktsituationen oft Wunder und helfen auch uns erwachsenen Menschen erstaunlich gut, unseren Ärger zu vergessen.

Kurz zusammengefasst

Lernziel Hund: Er lernt auf ein Signalwort hin, seine Handlung zu unterbrechen und seine Aufmerksamkeit auf den Menschen zu richten.
Lernziel Mensch: Sie können ein angemessenes Abbruchsignal setzen und wissen um die immense Bedeutung der Versöhnung nach einem Konflikt.

Aufbau der Übung:
Schritt 1: Leckerlis aus der geschlossenen Hand füttern
Schritt 2: Leckerlis aus der offenen Hand füttern
Schritt 3: Leckerlis vom Handrücken füttern
Schritt 4: Leckerlis auf den Boden legen
Schritt 5: Leckerlis auf den Boden fallen lassen (in Ihrer Reichweite)
Schritt 6: Leckerlis auf den Boden werfen (außerhalb Ihrer Reichweite)

– Gehen Sie erst zum nächsten Schritt über, wenn der vorherige hundertprozentig sitzt.
– Geben Sie nicht das tabuisierte Leckerli.
– Geben Sie das Abbruchsignal anfangs nach einer festen Anzahl an Leckerlis (z. B. nach jedem dritten Leckerli folgt das Abbruchsignal), variieren Sie dann bei jedem Übungsschritt den Zeitpunkt des Abbruchsignals.

Sozialverhalten

Kastration des Hundes

Ein Beitrag von Carina Kolkmeyer

Bestimmte Situationen oder Lebensphasen eines Hundes können mitunter „Probleme" im Alltag bereiten. Hier wird dann entweder aus Unwissenheit, Bequemlichkeit, Ungeduld oder Stressvermeidung schnell auf eine Kastration zurückgegriffen, um Verhaltensauffälligkeiten entweder abzuschaffen oder zumindest abzumildern (Strodtbeck & Gansloßer 2011). Da es nicht selten zu Verwechselungen von Kastration und Sterilisation kommt, erfolgt an dieser Stelle ein kurzer tiermedizinischer Exkurs: Beide chirurgischen Eingriffe sind klar voneinander zu trennen. Während bei der Kastration die Gonaden (beim Rüden die Hoden und bei der Hündin die Eierstöcke plus ggf. Gebärmutter) entfernt werden, meint die Sterilisation lediglich die Durchtrennung der Samen- bzw. Eileiter (Günzel-Apel & Bostedt 2016).

Letzterer Eingriff gehört jedoch nicht zur Praxisroutine vieler Tierärzte. Wer seinen Hund demnach unfruchtbar machen möchte, ohne in den Hormonhaushalt einzugreifen, sollte bei verschiedenen Tierärzten anfragen, ob diese eine Sterilisation beim Hund vornehmen würden. Eine andere mögliche Anlaufstelle könnten Zootierärzte sein, welche standard-

Hunde werden leider immer noch aus Gründen kastriert, die tierschutzrechtlich verboten sind.

Die Konsequenzen einer Frühkastration sind oft verheerend!

mäßig Sterilisationen durchführen. Gerade vor dem Hintergrund, dass es ein Amputationsverbot von gesunden Organen bei Hunden gibt (§ 6 Abs. 1 Satz 1 TierSchG), sollte beachtet werden, dass eine Kastration nur in wenigen Ausnahmen überhaupt tierschutzrechtlich zulässig ist. Solche Ausnahmen stellen lediglich medizinische Indikationen dar. Der Gedanke der unkontrollierten Vermehrung wird laut den Kommentaren zum Tierschutzgesetz ebenso nichtig, da der Hund in Deutschland nicht als Streuner gilt (Bartscherer et al. 2021; Hirt et al. 2016).

FRÜHKASTRATION

Ein Trend, der sich (leider) bis heute mitunter noch hartnäckig hält, ist die Frühkastration. Mit „früh" ist damit jegliche Kastration gemeint, die vor der Beendigung der Pubertät vollzogen wird, d. h. vor der vollständigen Reife des Hundes. Als Richtwert kann sich hierbei an der Hündin der jeweiligen Rasse orientiert werden. Wenn diese ihre dritte Läufigkeit durchlaufen hat, gilt die Pubertät als beendet und der Hund als erwachsen. Bei den kleineren Rassen ist dies meistens früher zu erwarten (mit ca. 1,5 Jahren) als bei größeren Rassen, die sich mehr Zeit lassen (bis zu 2,5 oder mehr Jahren). Neben der reinen Geschlechtsreife kommt es auch auf die soziale Reife des Hundes an, die ebenfalls frühestens ab 18 Monaten zu erwarten ist (Jones & Gosling 2005).

Während der „Bauphase" innerhalb der Pubertät finden entwicklungsbedeutsame Abläufe statt, an denen die Sexualhormone maßgeblich beteiligt sind. Es benötigt all diese Prozesse, damit ein Hund zu einem emotional stabilen und ausgereiften Charakter heranwachsen kann. Fehlen bei der Umgestaltung der neuronalen Fasern und Nervenzellen die Sexualhormone, können diese Verknüpfungen nicht in korrekter Weise ausgebildet werden. Das „Gerüst" bleibt somit wackelig, die Folge ist ein unreifer und desorientierter Hund, der unsicher bis aggressiv mit seinen Artgenossen agiert (McGreevy et al. 2018; Hart & Eckstein 1997). Einen Hund, der also weder physiologisch noch psychisch ausgereift ist, bereits zu kastrieren, ist sicher keine gute Entscheidung. Wer würde schon ein Bauwerk, das noch nicht vollständig zu Ende gebaut ist, als sicher bewerten und dann betreten, obwohl es noch eine Baustelle ist? Konsequenter-

weise weist ein frühkastrierter Hund oft Stimmungsschwankungen und eine reduzierte Stresstoleranz auf. Zudem hat die Bielefelder Studie Ergebnisse darüber gebracht, dass Hunde, die in einem Alter unter sechs Monaten kastriert worden sind, ein insgesamt unsicheres Verhalten in Bezug auf andere Hunde und aggressiveres Verhalten auch gegenüber dem Halter/der Halterin aufweisen (Niepel 2007).
Die körperlichen Konsequenzen einer zu früh durchgeführten Kastration sind ebenso verheerend, da die Sexualhormone beim körperlichen Wachstum vor allem beim Schließen der Wachstumsfugen mitwirken. Hunde, die vor diesem erfolgreichen Verschluss kastriert werden, erleiden ein verlängertes Knochenwachstum. Auch Bänder und Sehnen werden in Mitleidenschaft gezogen, wenn die Sexualhormone als wichtige „Rohstoffe" bzw. „Bauträger" fehlen. Frühkastrierte Rüden erkranken dann häufiger an einer Hüftgelenkdysplasie (HD) und kranialen Kreuzbandrissen als intakte. Ihr Gang wirkt oft schlaksig und unsicher (Reichler 2010; Strodtbeck & Ganslоßer 2011).
Neben dem Knochenwachstum profitieren das Herz-Kreislauf-System sowie die Atmung vom Einfluss der Sexualhormone. Eine Frühkastration könnte zu Herzschwächen und Kreislaufproblemen führen (Strodtbeck & Ganslоßer 2011). Jüngsten Forschungsergebnissen zufolge sind die Auswirkungen einer Frühkastration vor allem größen- bzw. rasseabhängig. Dabei tragen größere Hunderassen ein höheres Risiko für Gelenkerkrankungen als die kleineren Hunderassen (Hart & Hart 2021). Für einen über 20 Kilogramm schweren Hund steigt das Risiko sogar bis auf das Dreifache an (Hart et al. 2020). Ein erhöhtes Krebsrisiko trat ebenso bei den Frühkastraten auf (Hart & Hart 2021).

AUSWIRKUNGEN EINER KASTRATION

Insgesamt wächst die Studienlage, die sich mit den Auswirkungen der Kastration auf das Sozial- und Individualverhalten der Hunde auseinandersetzt, stetig an. Einige der Forschungsarbeiten regen definitiv zum Nachdenken an. So ergaben die Video- und Fragebogenanalysen von Kaufmann et al. (2017), dass kastrierte Rüden aggressiver, ängstlicher und panischer sind als ihre intakten Kumpanen. Die Hündinnen-Studien mit einem ähnlichen Versuchsaufbau führten zu dem Ergebnis, dass sich die Hündinnen ihren Artgenossen gegenüber aggressiver verhielten oder sich in den meisten Fällen zurückzogen. Infolgedessen wiesen sie durch das Vermeiden von Sozialkontakten ein auffällig hohes Maß an Individualverhalten auf, waren weniger gesellig und wirkten eher unsicher und gestresst

Wir wissen immer mehr über die Auswirkungen von Kastrationen.

(Lorenz et al. 2018 & 2019). Diese Befunde lassen sich auf hormoneller Ebene durch eine Wechselwirkung des Stresshormons Cortisol und der Sexualhormone erklären. Dabei hemmen die Sexualhormone Östrogen, Progesteron und Testosteron das Stresshormon Cortisol. Durch eine Kastration entfällt die stressdämpfende Wirkung der Sexualhormone als wichtige Gegenspieler und der Cortisolspiegel steigt folglich dauerhaft an (Henry & Stephens 1977).
Die Daten werden durch andere Forscherteams unterstützt und alle sind sich einig, dass aggressives Verhalten z. B. nicht durch eine Kastration abgeschafft werden kann (Fardhoody & Zink 2010; Luescher et al. 2005; Podberscek et al. 1996; O'Farrell et al. 1990; Kim et al. 2006). Gerade beim Thema Aggression gibt es die Problematik, dass es viele verschiedene Formen der Aggressivität zu unterscheiden gilt. Während die Eifersuchtsaggression auf dem Zusammenspiel von Vasopressin, Östrogen und Oxytocin beruht (Bielsky & Young 2004; Skowsky et al. 1979), steckt hinter dem Partnerschutzverhalten bei Trächtigkeit das Elternhormon Prolaktin. Angst- und Futteraggression werden durch das Stresshormon Cortisol gesteuert. Alle hier beispielhaft aufgeführten Aggressionsformen lassen sich demnach durch eine Kastration nicht positiv beeinflussen, sondern im schlimmsten Fall sogar verschlimmern.

Auch der Kastrationschip greift in das hormonelle Geschehen ein und sollte auf keinen Fall zu früh eingesetzt werden.

KASTRATIONSCHIP FÜR RÜDEN

Schließlich können die Kastrationsfolgen nur schwer abgeschätzt werden, sodass immer individuell entschieden werden sollte. In einigen Fällen bietet sich die Verwendung eines Kastrationschips an. Als Probelauf stellt er eine Möglichkeit dar, den Hund auf chemischer Basis – ganz ohne OP – zu kastrieren. Das (veränderte) Hundeverhalten kann beobachtet werden und es kann nach Ablauf der hormonellen Wirkung des Chips entschieden werden, ob eine Kastration den erwünschten Effekt hätte. Da jedoch auch der Chip – genau wie eine chirurgische Kastration – ins Hormongeschehen eingreift, sollte er nicht leichtfertig und auch auf keinen Fall zu früh eingesetzt werden. Negative Erfahrungen bzw. Auswirkungen wie Stress, Panik oder Angst, die beim Hund während des Chips entstehen können, werden nach dem Auslaufen des Chips nicht

„gelöscht“ und können demnach Nachwirkungen haben und/oder bestehen bleiben. Es gibt, wie bereits erwähnt, Ausnahmen wie medizinische Indikationen, bei denen eine Kastration unumgänglich und demnach gerechtfertigt ist. Jedoch sollten die möglichen Auswirkungen auf die weitere Gesundheit und das Verhalten des Hundes immer im Hinterkopf behalten werden.

DREI „MYTHEN“ ÜBER DIE KASTRATION

Mythos 1:
Je früher, desto besser!
Dieser allgemeine Irrglaube existiert mitunter immer noch. Weder im gesundheitlichen noch im verhaltensbiologischen Sinne stellt eine frühe Kastration einen Vorteil für den Hund dar. Es reduziert weder erheblich das Krebsrisiko (bei Mammatumoren sinkt das Risiko von 0,05 – 0,5 % auf 0,01 – 0,09 %.) noch verbessert es das Sozialverhalten des Hundes. Im Gegenteil dazu sind die Konsequenzen einer Frühkastration verheerend, da sie ein Erwachsenwerden verhindern und dem Hund somit die Chance nehmen, zu einem ausgereiften und emotional stabilen Charakter zu gelangen. Frühkastrationen sind daher abzulehnen und nur im äußersten Notfall (bei einer medizinischen Notwendigkeit) durchzuführen.

Mythos 2:
Jegliche Aggression der Hündin ist abhängig von den Sexualhormonen.
Bei dem Aspekt der Aggressionskontrolle sollte insbesondere bei der Hündin nicht außer Acht gelassen werden, dass nur die Aggression durch eine Kastration beeinflusst werden kann, die per se von den weiblichen Geschlechtshormonen abhängig ist und nur während der Läufigkeit auftritt. Ganzjährig gezeigte aggressive Verhaltensweisen können im schlimmsten Fall durch solch einen Eingriff verstärkt werden.

Mythos 3:
Eine Kastration schafft Sexualverhalten beim Rüden gänzlich ab.
Die Kastration gibt keinerlei Garantie dafür, dass ein Rüde kein Sexualverhalten mehr aufweist, da die Erfahrungen des Hundes vor der Kastration eine große Rolle spielen. Es kann sich bei dem oft genannten Aspekt der Hypersexualität auch um einen Zusammenhang mit dem Noradrenalin handeln, welches nämlich die Ausschüttung der Androgene steigern kann. Ebenso kann auch das Dopaminsystem an der Auslösung sexueller Aktivitäten beteiligt sein (Gansloßer 2020). So lässt sich z. B. das Aufreiten meist nicht durch eine Kastration beseitigen, da dieses nicht ausschließlich durch die Geschlechtshormone gesteuert wird (Quandt 1998), sondern mitunter auch als Übersprungverhalten oder Stereotypie auftritt, um Stress abzubauen, und es mitunter bei einigen Hunden noch nach der Kastration weiter bestehen bleibt.

Über die Autorin
Carina Kolkmeyer (geb. Kaufmann) promoviert und lehrt an der Universität Vechta im Fachbereich Biologie. Ihr Forschungsschwerpunkt ist das Sozialverhalten kastrierter und intakter Hunde. Da die Kastration ein großer Einschnitt ins Hundeleben bedeutet, bietet sie gemeinsam mit der Mammalia AG individuelle Einzelberatungen an, die sich auf verhaltensbiologische und veterinärmedizinische Einschätzungen stützen. Neben ihrer Leidenschaft für die Hundeforschung widmet sie sich auch der Forschung im Zootierbereich. Im Osnabrücker Zoo bietet sie gemeinsam mit PD Dr. Udo Gansloßer mehrmals im Jahr einen verhaltensbiologischen Methodenkurs an und unterstützt die Kursteilnehmer bei ihren Beobachtungen sowie den darauffolgenden statistischen Analysen.

REGISTER

LITERATUR

Affenzeller, N. (2020). **Dog–Human Play, but Not Resting Post-Learning Improve Re-Training Performance up to One Year after Initial Task Acquisition in Labrador Retriever Dogs: A Follow-On Study.** Animals, 10(7):1235.

Ainsworth, M. S., & J. Bowlby (1991). **An ethological approach to personality development.** American Psychologist, 46(4):333-341.

Andics, A., A. Gábor, M. Gácsi, T. Faragó, D. Szabó & Á. Miklósi (2016). **Neural mechanisms for lexical processing in dogs.** Science, 353(6303):1030-1032.

Axelsson, E., A. Ratnakumar, M-L. Arendt, K. Maqbool, M. T. Webster, M. Perloski, O. Liberg, J. M. Arnemo, Å. Hedhammar & K. Lindblad-Toh (2013). **The Genomic Signature of Dog Domestication Reveals Adaptation to a Starch-Rich Diet.** Nature 495:360-364.

Bartscherer, J., A. Wehrend & B. Felde (2021). **Die Kastration von Hunden aus juristischer Sicht.** VDH Magazin: Unser Rassehund, 48ff.

Begründung zur Tierschutz-Hundeverordnung (2000). **Begründung.** Bundesrats-Drucksache 580/00.

Bekoff, M. (1977). **Mammalian Dispersal and the Ontogeny of Individual Behavioral Phenotypes.** Am. Nat. 111:715-732.

Bekoff, M. & J. Pierce (2019). **Unleashing Your Dog: A Field Guide to Giving Your Canine Companion the Best Life Possible.** New World Library, Novato, California.

Bence, M., P. Marx, E. Szantai, E. Kubinyi, Z. Ronai & Z. Banlaki (2017). **Lessons from the canine OXTR gene: populations, variants and functional aspects.** Genes Brain Behaviour 16(4):427-438.

Bhattacharjee, D., S. Sau, J. Das & A. Bhadra (2017). **Free-ranging dogs prefer petting over food in repeated interactions with unfamiliar humans.** Journal of Experimental Biology 220:4654-4660.

Bhattacharjee, D., S. Sau & A. Bhadra (2018). **Free-ranging dogs understand human intentions and adjust their behavioral responses accordingly.** Front. Ecol. Evol. 6:232.

Bhattacharjee, D., S. Mandal, P. Shit, M. G. Varghese, A. Vishnoi, & A. Bhadra (2020). **Free-ranging dogs are capable of utilising complex human pointing cues.** Front. Psychol. 10:2818.

Bhattacharjee, D., R. Sarkar, S. Sau & A. Bhadra (2020). **Sociability of Indian free-ranging dogs (Canis lupus familiaris) varies with human movement in urban areas.** J. Comp. Psychol. 135(1):89-97.

Bielsky, I.F. & L. J. Young (2004). **Oxytocin, vasopressin, and social recognition in mammals.** Peptides 25(9):1565-1574.

Blankenburg, M. & M. Klatt (2015). **Beschwichtigungssignale.** S. 35–50. In: Gansloßer, U. (Hrsg.). Kommunikation und Konfliktmanagement. Ergebnisse aus 10 Jahren Verhaltensstudien. Filander, Fürth.

Buttner, A. P. & R. Strasser (2014). **Contagious yawning, social cognition, and arousal: an investigation of the processes underlying shelter dogs' reasponses to human yawns.** Anim Cogn 17(1):95-104.

Bräuer, J. & J. Kaminski (2020). **Was Hunde wissen.** Springer, Berlin.

Bremner-Harrison, S., P. A. Prodohl & R. W. Elwood (2004). **Behavioural trait assessment as a release criterion: boldness predicts early death in a reintroduction programme of captive-bred swift fox (Vulper velox)** Anim. Cons. 7:313-320.

Bremner-Harrison, S. & B. L. Cypher (2011). **Reintroducing San Joaquin Kit Fox to vacant or restored lands: Identifying optimal source populations and candidate foxes.** Rep. US Bureau of Reclamation, Central Valley Project of Conservation Program. Sacramento CA.

Bradshaw, J. (2012). **Dog Sense: How the New Science of Dog Behavior Can Make You a Better Friend to Your Pet.** Penguin Books, London.

Broom, D. M. (2001). **Coping, stress and welfare.** S. 1–9. In: Broom, D. M. (Hrsg.). Coping with Challenge: Welfare in Animals including Humans, Proceedings of Dahlem Conference. Dahlem University, Berlin.

Cook, P. F., M. Spivak & G. S. Berns (2014). **One pair of hands is not like another: caudate BOLD response in dogs depends on signal source and canine temperament.** PeerJ, 2: e596.

Cook, P. F., A. Prichard, M. Spivak & G. S. Berns (2016). **Awake canine fMRI predicts dogs' preference for praise vs food.** Soc Cogn Affect Neurosci. 11(12):1853-1862.

Cuaya, L. V., R. Hernández-Pérez, M. Boros, A. Deme & A. Andics (2022). **Speech naturalness detection and language representation in the dog brain.** Neuroimage. 248:118811.

Custance, D. & J. Mayer (2012). **Empathic-like responding by domestic dogs (Canis familiaris) to distress in humans: an exploratory study.** Amin. Cogn. 15(5):851-9.

D'Aniello, B., G. Refik Semin, A. Alterisio, M. Aria & A. Scandurra (2018). **Interspecies transmission of emotional information via chemosignals: from humans to dogs (Canis lupus familiaris).** Anim. Cogn. 21(1), 67-78.

Dehasse, J., & S. Schroll (2005). **The Influence of the Experimenter's Expectancy in the Results of the Assessment of Appeasing Pheromones in Stress of Police Dogs during Training.** Speech given at the 5th International Veterinary Behavioural Meeting, Minneapolis, USA.

Denenberg, S., & G. M. Landsberg (2008). **Effects of dog-appeasing pheromones on anxiety and fear in puppies during training and on long-term socialization.** Journal of the American Veterinary Medical Association, 233(12):1874-1882.

Dias, B. G., & K. J. Ressler (2014). **Parental olfactory experience influences behavior and neural structure in subsequent generations.** Nature neuroscience, 17(1): 89-96.

Dopfer, M. (2015). **Dominanz, Aggression und soziale Beziehungen in einer Foxhoundmeute.** S. 181-208. In: Gansloßer, U. (Hrsg.). Kommunikation und Konfliktmanagement. Ergebnisse aus 10 Jahren Verhaltensstudien. Filander, Fürth.

Duranton, C., T. Bedossa & F. Gaunet (2016). **When facing an unfamiliar person pet dogs present social referencing bases on their owners direction of movement alone.** Anim. Behav. 113: 147-156.

Eckl, P. & B. Ramharter (2006). **Leinen los! Hundefreiräume in der Stadt.** Diplomarbeit am Institut für Landschaftsarchitektur an der Universität für Bodenkultur Wien. http://www.leinenlos.youngguns.at (Zugriff: 30.04.2022)

Farhoody, P. & M. C. Zink (2010). **Behavioral and Physical Effects of Spaying and Neutering Domestic Dogs (Canis familiaris).** Masterarbeit, Hunter College.

Feddersen-Petersen, D. (1997). **Hund.** S. 245–296. In: Sambraus, H. H. & A. Steiger (Hrsg.). Das Buch vom Tierschutz. Ferdinand Enke Verlag, Stuttgart.

Freiling, K. P. (2018). **Entspannungstraining für Hunde und warum Entschleunigung so wichtig ist.** S. 85–98. In: Gansloßer, U. (Hrsg.). Mach mal langsam! – Entspannung und Entschleunigung für Mensch und Hund. Filander, Fürth.

Gábor, A., M. Gácsi, D. Szabó, Á. Miklósi, E. Kubinyi & A. Andics (2020).

Multilevel fMRI adaptation for spoken word processing in the awake dog brain. Scient. Rep. 10(1):11968.

Gansloßer, U. (2013). **Bindung bei Hunden aus evolutionärer Sicht.** S. 53–80. In: Gansloßer, U. (Hrsg.). Bindung und Beziehung – Man liebt nur was man kennt. Filander, Fürth.

Gansloßer, U. (2007). **Verhaltensbiologie für Hundehalter. Verhaltensweisen aus dem Tierreich verstehen und auf den Hund beziehen.** Kosmos, Stuttgart.

Gansloßer, U. (2015). **Verhaltensbiologische Grundlagen.** S. 9–28. In: Gansloßer, U. (Hrsg.). Kommunikation und Konfliktmanagement. Ergebnisse aus 10 Jahren Verhaltensstudien. Filander, Fürth.

Gansloßer, U. (2020). **Verhaltensbiologie für Hundetrainer. Grundlagen moderner Ethologie.** Kosmos, Stuttgart.

Gansloßer, U. & K. Kitchenham (2012). **Forschung trifft Hund. Neue Erkenntnisse zu Sozialverhalten, geistigen Leistungen und Ökologie.** Kosmos, Stuttgart.

Gansloßer, U. & K. Kitchenham (2015). **Beziehung – Erziehung – Bindung. Forschung im Dienst des Mensch-Hund-Teams.** Kosmos, Stuttgart.

Gansloßer, U. & K. Kitchenham (2019). **Hundeforschung aktuell. Anatomie, Ökologie, Verhalten.** Kosmos, Stuttgart.

Gansloßer, U. & Krivy, P. (2014). **Ein guter Start ins Hundeleben. Der verhaltensbiologische Ratgeber für Züchter und Welpenbesitzer.** Müller Rüschlikon, Stuttgart.

Gansloßer, U. & P. Krivy (2019). **Verhaltensbiologie Hund – Praxisbuch. Wie Rasse, Geschlecht, Aussehen und Alter das Verhalten beeinflussen.** Kosmos, Stuttgart.

Gansloßer, U. & P. Krivy (2020). **Schlau macht Wau! Was Hunde alles wissen und können.** Kosmos, Stuttgart.

Gansloßer, U. & M. Käufer (2017). **Auszeit auf Augenhöhe. Mensch-Hund-Spiel: Kleiner Einsatz mit großer Wirkung.** Kosmos, Stuttgart.

Gansloßer, U. & M. Käufer (2022). **Und sie spielen doch! Die Wissenschaft vom Hundespiel.** Kosmos, Stuttgart.

Gansloßer, U. & B. Hinte-Breindl (2018). **Welpenerziehung – Theorie und Praxis jenseits von Sitz, Platz und Bleib.** Filander, Fürth.

Gansloßer, U., K. Knezerevic & C. A. Kolkmeyer (2020). **Säugetierverhalten.** Filander, Fürth.

Gácsi, M., B. Györi, Á. Miklósi, Z. Virányi, E. Kubinyi, J. Topál & V. Csányi (2005). **Species-specific differences and similarities in the behavior of hand-raised dog and wolf pups in social situations with humans.** Dev. Psychobiol 47(2):111-122.

Gácsi, M., K. Maros, S. Sernkvist, T. Faragó & Á. Miklósi (2013). **Human analogue safe haven effect of the owner: behavioural and heart rate response to stressful social stimuli in dogs.** PLoS One 8(3): e58475.

Gadbois, S., & C. Reeve (2014). **Canine olfaction: scent, sign, and situation.** S. 3–29. In: Horowitz, A. (Hrsg). Domestic dog cognition and behavior. Springer, New York.

Gerencsér, L., V. Gábor, M. Nagy, T. Vicsek & Á. Miklósi (2013). **Identification of Behaviour in Freely Moving Dogs (Canis familiaris) Using Inertial Sensors.** PLoS One 8(10):e77814.

Green, S. & P. Marler (1979). **The analysis of animal communication.** S. 73–158. In: Marler, P. & J. G. Vandenbergh (Hrsg.). Handbook of Behavioral Neurobiology Vol 3: Social Behaviour and Communication, Plenum, N.Y.

Günzel-Apel, A-R. & H. Bostedt (2016). **Reproduktionsmedizin und Neonatologie von Hund und Katze.** Schattauer, Stuttgart.

Hallgren, A. (1997). **Hundeprobleme – Problemhunde.** Verlagshaus Oertel und Spörer, Reutlingen.

Handelman, B. (2010). **Hundeverhalten. Mimik, Körpersprache und Verständigung.** Kosmos, Stuttgart.

Harrington, F. H. & C. S. Asa (2003). **Wolf Communication.** S. 66–103. In: Mech, L. D. & L. Boitani (Hrsg.). Wolves – Behavior, Ecology, and Conservation. University Press, Chicago.

Hart, B. L., & R. A. Eckstein (1997). **The role of gonadal hormones in the occurrence of objectionable behaviours in dogs and cats.** Applied Animal Behaviour Science 52(3-4), 331-344.

Hart, B. L., L. A. Hart, A. P. Thigpen & N. H. Willits (2020). **Assisting decision-making on age of neutering for 35 breeds of dogs: associated joint disorders, cancers, and urinary incontinence.** Frontiers in Veterinary Science 7:388.

Hart, L. A., & B. L. Hart (2021). **An ancient practice but a new paradigm: Personal choice for the age to spay or neuter a dog.** Frontiers in Veterinary Science, 8:603257.

Heinze, S., D. U. Feddersen-Petersen, M. Tsokos, C. Buschmann & K. Püschel (2014). **Tödliche Attacken von Hunden auf Kinder.** Rechtsmedizin 24(1): 37-41.

Hennessy, M. B., M. T. Williams, D. D. Miller, C. W. Douglas & V. L. Voith (1998). **Influence of male and female petters on plasma cortisol and behaviour: can human interaction reduce the stress of dogs in a puplic animal shelter?** Applied Animal Behaviour Science 61(1): 63-77.

Henry, J. P. & P. M. Stephens (1977). **Stress, Health, and the Social Environment. A Sociobiologic Approach to Medicine.** Springer-Verlag, New York.

Hirt, A., C. Maisack & J. Moritz (2007). **Tierschutzgesetz. Kommentar.** Verlag Franz Vahlen, München.

Hirt, A., C. Maisack & J. Moritz (2016). **TierSchG Tierschutzgesetz Kommentar** (3. Aufl.). Verlag Franz Vahlen, München.

Holst, C. (2018). **„Nase an Hirn" – wie ätherische Öle Emotionen verändern.** S. 75–84. In: Gansloßer, U. (Hrsg.). Mach mal langsam! – Entspannung und Entschleunigung für Mensch und Hund. Filander, Fürth.

Hoppe, N., O. R. P. Rinunda-Emonds & U. Gansloßer (2017). **Correlates of Attention deficit hyperactivity disorder (ADHD)-like behavior in Domestic dogs: First results from a questionaire-bases study.** Vet. Med. OJ 2(3), 95-131.

Horowitz, A. (Hrsg., 2014): **Domestic Dog – Cognition and Behaviour.** Springer-Verlag Berlin Heidelberg.

Horváth, Z., A. Dóka, & Á. Miklósi (2008). **Affiliative and disciplinary behavior of human handlers during play with their dog affects cortisol concentrations in opposite directions.** Hormones and behavior 54(1): 107-114.

Ijichi, C. L., L. M. Collins & R. W. Elwood (2013). **Evidence for the role of personality in stereotypy predisposition.** Animal Behaviour 85(6): 1145-1151.

Jann, G. (2023 im Druck). **Musiktherapie.** In: Gansloßer, U. (Hrsg.). Verhaltensphysiologe und Verhaltensmedizin des Hundes. Kosmos, Stuttgart.

Johnston, A. M., C. Turrin, L. Watson, A. M. Arre & L. R. Santos (2017). **Uncovering the origins of dog-human eye contact: dingoes establish eye contact more than wolves but less than dogs.** Anim. Animal Behaviour 133: 123-129.

Jones, A.C. & S. D. Gosling (2005). **Temperament and personality in dogs (Canis familiaris): A review and evaluation of part research.** Applied Animal Behaviour Science 95(1-2): 1-53.

Kaminski, J., & S. Marshall-Pescini (Hrsg., 2014). **The Social Dog – Behavior and Cognition.** Acad. Press, Amsterdam.

Kaufmann, C. A., S. Forndran, S., C. Stauber, K. Woerner & U. Gansloßer (2017). **The Social Behaviour of Neutered Male Dogs Compared to Intact Dogs (Canis lupus familiaris): Video Analyses, Questionnaires and Case Studies.** Veterinary Medicine Open Journal 2(1): 22-37.

Kehr, S. & S. Fischer (2015). **Der Einsatz von Abbruchsignalen.** S. 51–74. In: Gansloßer, U. (Hrsg.). Kommunikation und Konfliktmanagement. Ergebnisse aus 10 Jahren Verhaltensstudien. Filander, Fürth.

Kim H. H., S. C. Yeon, K. A. Houpt, H. C. Lee, H. H. Chang & H. J. Lee (2006). **Effects of ovariohysterectomy on reactivity in German Shepherd Dogs.** The Veterinary Journal 172(1): 154-159.

Kis, A., B. Klausz, E. Persa, Á. Miklósi & M. Gácsi (2014). **Timing and presence of an attachment person affect sensitivity of aggression tests in shelter dogs.** Vet. Rec. 174(8): 196-196.

Kitchenham, K. (Hrsg., 2019). **Streunerhunde. Von Moskaus U-Bahn-Hunden bis Indiens Underdogs.** Kosmos, Stuttgart.

Knezerevic, K., B. Stüwe, C. A. Kaufmann & J. Leinweber (2015). **Der Persönlichkeitsfaktor Geselligkeit.** S. 65–76. In: Gansloßer, U. (Hrsg.). Rudelstrukturen in Hundegruppen. Filander, Fürth.

Kobelt, A. J., P. H. Hemsworth, J. L. Barnett & G. J. Coleman (2003). **A survey of dog ownership in suburban Australia – conditions and behaviour problems.** Appl. Anim. Behav. Sci. 82(2): 137-148.

Kotrschal, K., I. Schöberl, B. Bauer, A. M. Thibeaut & M. Wedl (2009). **Dyadic relationships and operational performance of male and female owners and their male dogs.** Behav. Proc. 81(3): 383-391.

Kotrschal, K. (2012). **Wolf – Hund – Mensch: Die Geschichte einer jahrtausendealten Beziehung.** Brandtstätter Verlag, Wien.

Kotrschal, K (2016). **Hund & Mensch – Das Geheimnis unserer Seelenverwandtschaft.** Brandstätter Verlag, Wien.

Kotrschal, K. (2019). **Mensch – Woher wir kommen – Wer wir sind – Wohin wir gehen.** Brandstätter Verlag, Wien.

Kotrschal, K. (2022). **Der Wolf und wir – Wie aus ihm unser erstes Haustier wurde – und warum seine Rückkehr Chancen bietet.** Brandstätter Verlag, Wien.

Kovacs, K., A. Kis, Á. Pogány, D. Koller & J. Topál (2016). **Differential effects of oxytocin on social sensitivity in two distinct breeds of dogs (Canis familiaris).** Psychoneuroendocrinology 74: 212-220.

Krivy, P. & U. Gansloßer (2016). Mein Hund hat Angst – Hundeverhalten verstehen. Müller-Rüschlikon, Stuttgart.

Krivy, P. & A. Lanzerath (2009). **Was ein Welpe lernen muss.** Müller-Rüschlikon, Stuttgart.

Lisberg, A. E. & C. T. Snowdon (2009). **The effects of sex, gonadectomy and status on investigation patterns of unfamiliar conspecific urine in domestic dogs, Canis familiaris.** Anim. Behav. 77(5): 1147-1154.

Lisberg, A. E. & C. T. Snowdon (2011). **Effects of sex, social status and gonadectomy on countermarking by domestic dogs, Canis familiaris.** Animal behaviour 81(4): 757-764.

Lorz, A. & E. Metzger (1999). **Tierschutzgesetz: Tierschutzgesetz mit allgemeiner Verwaltungsvorschrift, Rechtsverordnungen und europäischen Übereinkommen, Kommentar.** C. H. Beck, München.

Lorenz, K. P., C. A. Kolkmeyer & U. Gansloßer (2018). **Comparison of the Social Behaviour of Intact and Neutered Female Domestic Dogs (Canis lupus familiaris) using Video Analyses.** Journal of Dairy & Veterinary Sciences 8(3):555739

Lorenz, K. P., C. A. Kolkmeyer & U. Gansloßer (2019). **Comparison of the Social Behaviour of Intact and Neutered Female Domestic Dogs (Canis lupus Familiaris): Questionnaires and Case Studies.** Journal of Dairy and Veterinary Sciences 12(2):555835

Luescher A. (2005). **Behavioral disorders.** S. 183–189. In: Ettinger S. J. & E. C. Feldman (Hrsg.). Textbook of veterinary internal medicine. Elsevier 1(6).

Mariti, C., L. Lenzini, B. Carlone, M. Zilocchi, A. Ogi & A. Gazzano (2020). **Does attachment to man already exist in 2 months old normally raised dog puppies? A pilot study.** Dog Behavior 6 (1):1-11.

Marschark, E. D. & R. Baenninger (2002). **Modification of instinctive herding dog behavior using reinforcement and punishment.** Anthrozoös, 15(1): 51-68.

McGreevy, P. D., J. Righetti & P. C. Thomson (2005). **The reinforcing value of physical contact and the effect on canine heart rate of grooming in different anatomical areas.** Anthrozoös 18(3): 236-244.

McGreevy, P. D., M. J. Starling, N. J. Brawson, M. L. Cobb & D. Calrion (2012). **An overview on the dog-human dyad and ethogramms within it.** Journal of Veterinary Behavior, 7(2): 103-117.

McGreevy, P. D., B. Wilson, M. J. Starling & J. A. Serpell (2018). **Behavioural risks in male dogs with minimal lifetime exposure to gonadal hormones may complicate population-control benefits of desexing.** PLoS One, 13(5): e0196284.

Mehrabani, G., M. Fengler, H. Gase & A. Schreiber (2015). **Versöhnungsverhalten.** S. 75–86. In: Gansloßer, U. (Hrsg.). Kommunikation und Konfliktmanagement. Ergebnisse aus 10 Jahren Verhaltensstudien. Filander, Fürth.

Miklósi, Á., E. Kubinyi, J. Topál, M. Gácsi, Z. Virányi & V. Csányi (2003). **A simple reason for a big difference: Wolves do not look back at humans, but dogs do.** Curr. Biol. 13(9): 763-766.

Miklósi, Á., B. Turcsán & E. Kubinyi (2014). **The personality of dogs.** S. 191–222. In: Kaminski, J. & S. Marschall-Pescini (Hrsg.). The Social Dog: Behavior and Cognition. Acad. Press, Amsterdam.

Miklósi, Á. (2015). **Dog Behaviour, Evolution, and Cognition.** Second Edition. Oxford University Press, Oxford.

Miklósi, Á., R. Polgárdi, J. Topál & V. Csányi (2000). **Intentional behaviour in dog-human communication: an experimental analysis of "showing" behaviour in the dog.** Animal cognition, 3(3): 159-166.

Mills, D. S., E. van der Zee & H. Zulch (2014). **When the bond goes wrong: Problem Behaviours in the Social Context.** S. 223–248. In: Kaminski J. & S. Marshall-Pescini (Hrsg): The Social Dog: Behavior and Cognition. Acad. Press, Amsterdam.

Mills, D. S. & M. Braem (2018). **Pheromone – Veränderung der Perspektive.** S. 13–28. In: U. Gansloßer (Hrsg.): Mach mal langsam! – Entspannung und Entschleunigung für Mensch und Hund. Filander, Fürth.

Nagasawa, M., S. Mitsui, S. En, N. Ohtani, M. Ohta, Y. Sakuma, T. Onaka, K. Mogi & T. Kikusui (2015). **Oxytocin- gaze positive loop and the coevolution of human-dog bonds.** Science 348(6232): 333-336.

Niepel, G. (2007). **Kastration beim Hund.** Kosmos, Stuttgart.

Odendaal, J. S. & R. A. Meintjes (2003). **Neurophysiolocical correlates of affiliative behaviour between humans and dogs.** The Veterinary Journal, 165(3): 296-301.

Olsen, U. (2008). **Zusammenhänge zwischen Hundeverhalten und unterschiedlicher Einschränkung des Hundes durch die Leine.** Dissertation Freie Universität Berlin.

Overall, K. (1997). **Clinical Behavioral Medicine for Small Animals.** Mosby, St. Louis.

O'Farrell, V. & E. Peachey (1990). **Behavioural effects of ovario-hysterectomy on bitches.** J Small Anim Pract. 31(12): 595-598.

Paul, M. & A. Bhadra (2018). **The great Indian joint families of free-ranging dogs.** PLoS One 13(5): e0197328.

Pendleton, A. L., F. Shen, A. M. Taravella, S. Emery, K. R. Veeramah, A. R. Boyko & J. M. Kidd (2018). **Comparison of village dogs and wolf genomes highlights the role of the neural crest in dog domestication.** BMC Biology 16(1): 64.

Pérez, G. E., A. Conte, E. J. Garde, S. Messori, R. Vanderstichel & J. A. Serpell (2018). Movement and home range of owned free-roaming male dogs in Puerto Natales, Chile. Applied Animal Behaviour Science 205: 74-82.

Podberscek A. L. & J. A. Serpell (1996). **The English Cocker Spaniel: preliminary findings on aggressive behaviour.**

Appl Anim Behav Sci. 47(1-2): 75-89.
Purtscher, C. (2001). **Tiergerechte Hundehaltung und Auslaufmöglichkeiten in Wien.** Eine Studie des Campa!gning Office Entrup&Richter, Wien.
Prato-Previde, E. & P. Valsecchi (2014). **The Immaterial Cord: The Dog-Human Attachment Bond.** S.165–190. In: Kaminski J & S. Marschall-Pescini (Hrsg.). The Social Dog: Behavior and Cognition. Acad. Press, Amsterdam.
Quandt, C. (1998). **Kastration als Lösung von Verhaltensproblemen beim Rüden?** http://www.drc.de/gesundheit/kastration (Zugriff 20.04.2022).
Quaranta, A., M. Siniscalchi & G. Vallortigara (2007). **Asymmetric tail-wagging responses by dogs to different emotive stimuli.** Curr. Biol. 17(6): 199-201.
Rauth-Widmann, B. (2014). **Die Sinne des Hundes – Wie Hunde ihre Welt wahrnehmen.** Kosmos, Stuttgart.
Reichler, I. M. (2010). **Gesundheitliche Vor- und Nachteile der Kastration von Hündinnen und Rüden.** Schweizer Archiv für Tierheilkunde 152 (6): 267-272.
Riemer, S. (2020). **Effectiveness of treatments for firework fears in dogs.** J. Vet. Behav. 37: 61-70.
Roll, A. (1994). **Aggressive Auseinandersetzungen unter Hunden – eine Analyse der Täter, Opfer und Halter.** Diss. med. vet., München.
Roll, A. & J. Unshelm (1997). **Aggressive conflicts amongst dogs and factors affecting them.** Appl. Anim. Beh. Sci. 52(3-4), 229-242.
Sen Majumder, S., M. Paul, S. Sau, & A. Bhadra (2016). **Denning habits of free-ranging dogs reveal preference for human proximity.** Scientific reports, 6(1): 32014.
Schilder, M. B. H. & J. A. M. van der Borg (2015). **Dominanz und Führung beim Hund.** S. 39–64. In: Gansloßer, U. (Hrsg.). Rudelstrukturen in Hundegruppen. Filander, Fürth.
Schöberl, I., K. Kotrschal & A. Beetz (2013). **Biopsychologische Grundlagen der Bindung.** S. 5–52. In: Gansloßer, U. (Hrsg.). Bindung und Beziehung – Man liebt nur was man kennt. Filander, Fürth.
Schöberl, I., A. Beetz, J. Solomon, M. Wedl, N. Gee & K. Kotrschal (2016). **Social factors influencing cortisol modulation in dogs during a strange situation procedure.** J. Vet. Behav. 11: 77-85.
Schöberl, I., M. Wedl, A. Beetz & K. Kotrschal (2017). **Psychobiological factors affecting cortisol variability in human-dogs dyads.** PLoS One 12(2), e0170707.
Schöning, B. (2015). **Ausbildung verbessern: Erkennen, Umgang und Vermeiden von Stress.** S. 37–42. In: Schüler, C. & K. Püschel (Hrsg.). Faszinosum Spürhunde – Quo vadis?. Verlag Dr Kovac, Hamburg
Serpell, J., D. L. Duffy & J. A. Jagoe (2017). **Becoming a dog: Early experience and the development of behavior.** S. 93–117. In: J. Serpell (ed.): The Domestic Dog: Its Evolution, Behavior and Interactions with People. 2nd ed. Cambridge University Press.
Silva, K. J. Bessa & L. de Sousa (2013). **Familiarity-connected or stess-based contagious yawning in Domestic dogs (Canis familiaris)? Some additional data.** Anim Cogn 16(6), 1007-1009.
Siniscalchi, M., D. Bertino & A. Quaranta (2013). **Laterality and performance of agility-trained dogs.** Laterality: Asymmetries of Body, Brain and Cognition 19(2): 219-234.
Siniscalchi, M., R. Lusito, G. Vallortigara & A. Quaranta (2013). **Seeing left- or right-asymmetric tail wagging produces different emotional responses in dogs.** Curr. Biol. 23(22): 2279-2282.
Siniscalchi, M. & A. Quaranta (2014). **Wagging to the Right or to the Left: Lateralisation and what it tells of the dog's social brain.** S. 373–394. In: Kaminski J. & S. Marshall-Pescini (Hrsg.): The Social Dog: Behavior and Cognition. Acad. Press, Amsterdam.
Siniscalchi, M., S. d'Ingeo, A, Quaranta (2017). **Lateralized functions in the Dog brain.** Symmetry 9(5): 71.
Skowsky, R.W., L. Swan & P. Smith (1979). **Effects of Sex Steroid Hormones on Arginine Vasopressin in Intact and Castrated Male and Female Rats.** Endocrinology 104(1): 105-108.
Sommerfeld-Stur, I. (2016). **Rassehundezucht – Genetik für Züchter und Halter.** Müller-Rüschlikon, Stuttgart.
Starling, M. & P. D. McGreevy (2019). **Hunde glücklich machen – So werde ich der beste Freund meines Hundes.** Müller-Rüschlikon, Stuttgart.
Starling, M. J., N. Branson, D. Cody & P. D. McGreevy (2013). **Conceptualising the impact of arousal and affective state on training outcomes of operant conditioning.** Animals 3(2): 300-317.
Stöhr, V. (2012). **Duftmarkieren.** S. 43–66. In: Gansloßer, U. (Hrsg.). Das ist mein Revier. Filander, Fürth.
Strodtbeck, S. & U. Gansloßer (2011). **Kastration und Verhalten beim Hund.** Müller-Rüschlikon, Stuttgart.
Sutter, N. B., C. D. Bustamante, K. Chase, M. M. Gray, K. Zhao, L. Zhu, B. Padhukasahasram, E. Karlins, S. Davis, P. G. Jones, P. Quignon, G. S. Johnson, H. G. Parker, N. Frethwell, D. S. Mosher, D. F. Lawler, E. Satyaraj, M. Nordborg, K. G. Lark, R. K. Wayne & E. A. Ostrander (2007): **A single IGF 1 Allel in a major determinant of small size in dogs.** Science 316(5821): 112-115.
Tierschutzgesetz in der Fassung der Bekanntmachung vom 18. Mai 2006 (BGBl. I S. 1206, 1313); letzte Änderung durch Artikel 105 des Gesetzes vom 10. August 2021 (BGBl. I S. 3436).
Tierschutz-Hundeverordnung vom 2. Mai 2001 (BGBl. I S. 838); letzte Änderung durch Artikel 1 der Verordnung vom 25. November 2021 (BGBl. I S. 4970).
Tiira, K. (2019). **Resilience in dogs? Lessons from other species.** Vet. Med. Res. Rep. 10: 159-168.
Turcsán, B., F. Szánthó, Á. Miklósi & E. Kubinyi (2015). **Fetching what the owner prefers? Dogs recognize disgust and happiness in human behaviour.** Animal cognition 18(1): 83-94.
Urteil OLG Dresden (2007): Ss (OWi) 395/06; NJ 2007, 231 (AG Zwickau); https://tierschutz.hessen.de/tierschutz-urteile-datenbank?pq=zsXV5OPXpGiJrqhst5G2zqeN3ubJqceXt8ivrV6olsrTq-DGzsqv7t3Gqcfu2a-zlQ (Zugriff: 30.04.2022)
Urteil OVG Niedersachsen (2005): AZ 11 KN 38/04; openJur 2012, 42431 https://openjur.de/u/317431.html (Zugriff: 30.04.2022)
Urteil OVG Thüringen (2007): AZ 3 N 699/05; http://www.thovg.thueringen.de/OVGThueringen/rechtsp.nsf/6c24af328dcfcb8cc1256ab9002dd3c7/e5f8379eb8e-a4846c125730e0048184b/$FILE/05-3N-00699-U-A.pdf (Zugriff 30.04.2022)
Urteil VGH Baden-Württemberg (2007): AZ 1 S 2720/06; openJur 2012, 66791 https://openjur.de/u/356279.html (Zugriff 30.04.2022)
Van Herwijnen, I. R., J. A. M. Van Der Borg, M. Naguib, & B. Beerda (2018). **The existence of parenting styles in the owner-dog relationship.** PloS One 13(2): e0193471.
Winkler, A. & H. Tebelmann (2023 im Druck): **Stress und Persönlichkeit.** In: Gansloßer, U. (Hrsg.). Verhaltensphysiologie und Verhaltensmedizin des Hundes. Kosmos, Stuttgart.
Wilkins, A. S., R. W. Wrangham, & W. T. Fitch (2014). **The "domestication syndrome" in mammals: a unified explanation based on neural crest cell behavior and genetics.** Genetics 197(3): 795-808.
Wynne, C. (2019). **...Und wenn es doch Liebe ist? – Neues zur Hund-Mensch-Beziehung.** Kynos Verlag, Nerdlen.
Wosegien, A. & J. Lamprecht (1989). **Nodding: An appeasement behaviour of pigeons (Columba livia).** Behaviour 108: 44-56.
Zentek, J. (2012). **Hunde richtig füttern.** Verlag Eugen Ulmer, Stuttgart.
Zulch, H. & D. S. Mills (2012). **Life skills for puppies – Laying the Foundation for a Loving, Lasting Relationship.** Hubble & Hattie.

SCHLUSSBEMERKUNG

Oder auch: Das war noch nicht alles! Und zwar in mehrfacher Hinsicht. Zum einen erhebt dieses Buch keinen Anspruch auf Vollständigkeit und es gibt noch viel zu lernen. Doch haben wir Ihnen hoffentlich einige Möglichkeiten nahebringen können, Ihren Welpen zu einem alltagskompetenten und zufriedenen Hund zu erziehen und ihn oder sie nicht nur in ihrer oder seiner Individualität wahrzunehmen, sondern auch wertzuschätzen und der damit einhergehenden Verantwortung gerecht zu werden.
So sind hoffentlich aus allen noch anfänglichen Hundebesitzer*innen nun echte Bezugspersonen oder Fürsorgegarant*innen – oder für welchen Begriff auch immer Sie sich entschieden haben – geworden. Zum anderen wird Ihr Welpe älter und ist alsbald kein Welpe mehr. Weitere Entwicklungsschritte werden folgen. Doch mit der Kombination des Wissens aus den Theorieabschnitten und den Erfahrungen aus den Beobachtungs- und Praxisübungen (übrigens auch für ältere Hunde bestens geeignet und immer wieder für eine Wiederholung gut) ist ein wichtiger Grundstein dafür gelegt, was noch kommen wird. Und wir wünschen Ihnen von Herzen, dass dies viel Erfreuliches und Schönes sein wird!

DANKE

Ein Buchprojekt ist immer eine Gemeinschaftsaufgabe und auch wenn mehrere Namen auf dem Titel stehen, sind das noch längst nicht alle Beteiligten. So danken wir zum einen den externen Autor*innen, die ihre Expertise zu einem Gesamtbild der Welpenkompetenz beigetragen haben, und den Mitgliedern unserer gesamten AG, vor allem Sarah Mertes, die in vielfältiger Weise Anregungen und zuletzt unter enormem Zeitdruck noch eine Infobox beigetragen hat. Unser Dank gilt ebenso den Fotomodellen und ihren Fürsorgegarant*innen sowie unserer Fotografin Anna Auerbach. Sie haben enormen Anteil an der Darstellung unserer Ideen! Auch unserer Team- und Redaktionsassistentin Svenja ten Thoren danken wir. Sie hat wieder als Treib- und Hütehund säumige Schafe rechtzeitig zur Manuskriptabgabe in den Pferch befördert sowie interne Korrektur- und Abstimmungsaufgaben erledigt. Und letztlich wäre ein Kosmosbuch ohne unsere Lektorin Hilke Heinemann zumindest für uns nicht vorstellbar. Und jede/r von uns Dreien wäre ohne die beiden anderen nicht ins Ziel gekommen! So danken wir uns auch gegenseitig für die fruchtbaren Gespräche, das unermüdliche Texte-Ping-Pong und überhaupt!

BILDNACHWEIS

211 Farbfotos wurden von Anna Auerbach/Kosmos für dieses Buch aufgenommen. Weitere Farbfotos von Anna Auerbach/Kosmos (5: S. 25, 107, 122, 123, 132), Stefan Kirchhoff (4: S. 86, 88, 90, 91), Shutterstock (6: S. 80li./Allan J.M. Smith, S. 80re./Matthias Friel, S. 81/4.murat, S. 83/Jim Cumming, S. 87/Jarama, S. 173li./Krizek Vaclav), Trio Bildarchiv (2: S. 131/Claudia Rahlmeier, S. 173re./Nicole Schick).

Mit Illustrationen von Atelier Krohmer (Vorlagen stammen von den Autoren) (2: S. 23, 183). Symbole im Kolumnentitel und der vorderen Innenklappe von Shutterstock/Nsit (3).

IMPRESSUM

Umschlaggestaltung von GRAMISCI Editorialdesign/Claudia Geffert unter Verwendung von 26 Farbfotos von Anna Auerbach/Kosmos und einem Farbfoto von Jochen Dietrich (Klappe hinten außen).

Mit 228 Farbfotos und 2 Illustrationen.

Alle Angaben in diesem Buch erfolgen nach bestem Wissen und Gewissen. Sorgfalt bei der Umsetzung ist indes dennoch geboten. Der Verlag und die Autoren übernehmen keinerlei Haftung für Personen-, Sach- oder Vermögensschäden, die aus der Anwendung der vorgestellten Materialien, Methoden oder Informationen entstehen könnten.

Unser gesamtes Programm finden Sie unter **kosmos.de.**
Über Neuigkeiten informieren Sie regelmäßig unsere Newsletter, einfach anmelden unter **kosmos.de/newsletter**

Gedruckt auf chlorfrei gebleichtem Papier

ISBN 978-3-440-17376-3
Redaktion: Hilke Heinemann
Gestaltungskonzept: GRAMISCI Editorialdesign/Claudia Geffert, München
Gestaltung und Satz: Claudia Adam Graphik-Design, Bad Kreuznach
Produktion: Carolin Wacker, Eva Schmidt
Druck und Bindung: Westermann Druck Zwickau GmbH, Zwickau
Printed in Germany/Imprimé en Allemagne

FSC
www.fsc.org
MIX
Papier | Fördert gute Waldnutzung
FSC® C110508

Vorstellung der Models

Jede*r ist einzigartig! Dies trifft nicht nur auf uns Menschen zu, sondern auch auf unsere Hunde. Die Porträts unserer Models sollen dies noch einmal unterstreichen und dürfen auch die so oft bei Hundefotos entstehende Neugier nach Rasse und Alter stillen.

TAHNEE
19 Wochen
Miniature Australian Shepherd

THYRA
16 Wochen
Flat-Coated Retriever

LOUISE
15 Wochen
Shih Tzu/Yorkshire Terrier/Havaneser

GEMMA
14 Wochen
Golden Retriever

BENJI
16 Wochen
Australian Shepherd

ROSIE
18 Wochen
Labrador Retriever